Ergebnisse der Anatomie und Entwicklungsgeschichte
Advances in Anatomy, Embryology and Cell Biology
Revues d'anatomie et de morphologie expérimentale
Springer-Verlag · Berlin · Heidelberg · New York

This journal publishes reviews and critical articles covering the entire field of normal anatomy (cytology, histology, cyto- and histochemistry, electron microscopy, macroscopy, experimental morphology and embryology and comparative anatomy). Papers dealing with anthropology and clinical morphology will also be accepted with the aim of encouraging co-operation between anatomy and related disciplines.

Papers, which may be in English, French or German, are normally commissioned, but original papers and communications may be submitted and will be considered so long as they deal with a subject comprehensively and meet the requirements of the Ergebnisse.

For speed of publication and breadth of distribution, this journal appears in single issues which can be purchased separately; 6 issues constitute one volume.

It is a fundamental condition that manuscripts submitted should not have been published elsewhere, in this or any other country, and the author must undertake not to publish elsewhere at a later date.

25 copies of each paper are supplied free of charge.

Les résultats publient des sommaires et des articles critiques concernant l'ensemble du domaine de l'anatomie normale (cytologie, histologie, cyto et histochimie, microscopie électronique, macroscopie, morphologie expérimentale, embryologie et anatomie comparée. Seront publiés en outre les articles traitant de l'anthropologie et de la morphologie clinique, en vue d'encourager la collaboration entre l'anatomie et les disciplines voisines.

Seront publiés en priorité les articles expressément demandés nous tiendrons toutefois compte des articles qui nous seront envoyés dans la mesure où ils traitent d'un sujet dans son ensemble et correspondent aux standards des «Résultats». Les publications seront faites en langues anglaise, allemande et française.

Dans l'intérêt d'une publication rapide et d'une large diffusion les travaux publiés paraitront dans des cahiers individuels, diffusés séparément: 6 cahiers forment un volume.

En principe, seuls les manuscrits qui n'ont encore été publiés ni dans le pays d'origine ni à l'étranger peuvent nous être soumis. L'auteur d'engage en outre à ne pas les publier ailleurs ultérieurement.

Les auteurs recevront 25 exemplaires gratuits de leur publication.

Die Ergebnisse dienen der Veröffentlichung zusammenfassender und kritischer Artikel aus dem Gesamtgebiet der normalen Anatomie (Cytologie, Histologie, Cyto- und Histochemie, Elektronenmikroskopie, Makroskopie, experimentelle Morphologie und Embryologie und vergleichende Anatomie). Aufgenommen werden ferner Arbeiten anthropologischen und morphologisch-klinischen Inhaltes, mit dem Ziel die Zusammenarbeit zwischen Anatomie und Nachbardisziplinen zu fördern.

Zur Veröffentlichung gelangen in erster Linie angeforderte Manuskripte, jedoch werden auch eingesandte Arbeiten und Originalmitteilungen berücksichtigt, sofern sie ein Gebiet umfassend abhandeln und den Anforderungen der „Ergebnisse" genügen. Die Veröffentlichungen erfolgen in englischer, deutscher oder französischer Sprache.

Die Arbeiten erscheinen im Interesse einer raschen Veröffentlichung und einer weiten Verbreitung als einzeln berechnete Hefte; je 6 Hefte bilden einen Band.

Grundsätzlich dürfen nur Manuskripte eingesandt werden, die vorher weder im Inland noch im Ausland veröffentlicht worden sind. Der Autor verpflichtet sich, sie auch nachträglich nicht an anderen Stellen zu publizieren.

Die Mitarbeiter erhalten von ihren Arbeiten zusammen 25 Freiexemplare.

Manuscripts should be addressed to/Envoyer les manuscrits à/Manuskripte sind zu senden an:

Prof. Dr. A. Brodal, Universitetet i Oslo, Anatomisk Institutt, Karl Johans Gate 47 (Domus Media), Oslo 1/Norwegen.

Prof. W. Hild, Department of Anatomy, The University of Texas Medical Branch, Galveston, Texas 77550 (USA).

Prof. Dr. R. Ortmann, Anatomisches Institut der Universität, 5 Köln-Lindenthal, Lindenburg.

Prof. Dr. T.H. Schiebler, Anatomisches Institut der Universität, Koellikerstraße 6, 87 Würzburg.

Prof. Dr. G. Töndury, Direktion der Anatomie, Gloriastraße 19, CH-8006 Zürich.

Prof. Dr. E. Wolff, Collège de France, Laboratoire d'Embryologie Expérimentale, 49 bis Avenue de la belle Gabrielle, Nogent-sur-Marne 94/France.

Ergebnisse der Anatomie und Entwicklungsgeschichte

Advances in Anatomy, Embryology and Cell Biology

Revues d'anatomie et de morphologie expérimentale

42 · 5

Editores

A. Brodal, Oslo · W. Hild, Galveston · R. Ortmann, Köln

T. H. Schiebler, Würzburg · G. Töndury, Zürich · E. Wolff, Paris

Heike Herrlinger

Licht- und elektronenmikroskopische Untersuchungen am Subcommissuralorgan der Maus

Mit 17 Abbildungen

Springer-Verlag Berlin Heidelberg GmbH 1970

Dr. Heike Herrlinger
Institut für Histologie und experimentelle Biologie
der Universität München

Die Arbeit wurde mit Unterstützung durch die Deutsche Forschungsgemeinschaft ausgeführt.

ISBN 978-3-662-23338-2   ISBN 978-3-662-25385-4 (eBook)
DOI 10.1007/978-3-662-25385-4

Das Werk ist urheberrechtlich geschützt. Die dadurch begründeten Rechte, insbesondere die der Übersetzung des Nachdruckes, der Entnahme von Abbildungen, der Funksendung, der Wiedergabe auf photomechanischem oder ähnlichem Wege und der Speicherung in Datenverarbeitungsanlagen, bleiben, auch bei nur auszugsweiser Verwertung, vorbehalten

Bei Vervielfältigungen für gewerbliche Zwecke ist gemäß § 54 UrhG eine Vergütung an den Verlag zu zahlen, deren Höhe mit dem Verlag zu vereinbaren ist

© by Springer-Verlag Berlin Heidelberg 1970
Ursprünglich erschienen bei Springer-Verlag Berlin Heidelberg New York 1970.
Library of Congress Catalog Card Number 64—20582
Titel-Nr. 6965.

Die Wiedergabe von Gebrauchsnamen, Handelsnamen, Warenbezeichnungen usw. in dieser Zeitschrift berechtigt auch ohne besondere Kennzeichnung nicht zu der Annahme, daß solche Namen im Sinne der Warenzeichen- und Markenschutz-Gesetzgebung als frei zu betrachten wären und daher von jedermann benutzt werden dürften

Inhalt

Einleitung

Das Subcommissuralorgan (SCO) ist ein besonders differenzierter, sekretorisch aktiver Ependymbezirk im Dach des 3. Ventrikels, an der Grenze vom Zwischenhirn zum Mittelhirn. Seine Erforschung wird schon seit rund einhundert Jahren betrieben.

Die Kenntnis einer die Hohlräume des Zentralnervensystems auskleidenden Zellschicht geht auf Purkinje zurück, der 1836 „ein Flimmerepithel im Inneren des Gehirns" entdeckte (s. Studnička, 1900). Eine größere Bedeutung wird dieser *Ependymschicht* jedoch erst später beigemessen, als systematische Untersuchungen (Stilling, 1859; u.a.) an ihr auffallende lokale Unterschiede zeigen. Den ersten Hinweis auf das SCO finden wir bei Stieda (1870): er beschreibt bei Mäusen einen an der caudalen Fläche der Commissura posterior und am Dach des Aquaeductus Sylvii gelegenen Ependymbereich, der sich durch besonders hohe Zellen auszeichnet. Rabl-Rückart (1887) stellt bei verschiedenen Amphibien, Reptilien und Vögeln ebenfalls eine „Ependymwucherung" nahe der hinteren Commissur fest. Bedeutungsvoll für spätere Arbeiten über das SCO sind die Untersuchungen über den Bau des Ependyms von Studnička (1900); der Autor findet eine „knospenförmig verdickte Ependymauskleidung" im Bereich der Commissura posterior und berichtet außerdem erstmals über *Sekretionserscheinungen* an verschiedenen Stellen des Ependyms. — Einen wesentlichen Impuls erhält die weitere Erforschung des SCO durch die Entdeckung des *Reissnerschen Fadens* (Reissner, 1860, Petromyzon fluviatilis). Sargent (1900) beobachtet die enge Beziehung des rostralen Abschnitts dieser Struktur zum SCO. — *Gezielte Untersuchungen des SCO* beginnen mit Dendy (1902), der die langgestreckten, cilientragenden Ependymzellen genauer beschreibt. Sargent (1903) gibt dem Organ zunächt die Bezeichnung „ependymal groove"; Dendy und Nicholls (1910) prägen bei Studien an Maus, Katze, Schimpanse und Mensch den Namen „Subcommissuralorgan", der sich in der Folge durchgesetzt hat. Grundlegende Untersuchungen des SCO bei verschiedenen Wirbeltieren (s. S. 10—11), z. T. unter Heranziehung der Neurogliafärbung nach Weigert, Silberimprägnation nach Golgi, Eisenhämatoxylinfärbung nach E. Müller und der Azanfärbung nach Heidenhain, ergeben zusammengefaßt folgendes Bild: Das SCO ist bei *nahezu allen Wirbeltieren vorhanden.* Als Ausnahme gelten die Natter (Reichhold, 1942), einige Insectivora (Sorex, Crossopus und Erinaceus: nach Bargmann, 1943) und der Delphin (nach Clara, 1953). Das SCO des Menschen ist in der Embryonalzeit gut entwickelt (Dendy und Nicholls, 1910; Bauer-Jokl, 1917; Kolmer, 1921; Krabbe, 1925; Keen und Hewer, 1934; Pesonen, 1940; Legait, 1942), wird jedoch später zu inselartigen Rudimenten rückgebildet (Puusepp und Voss, 1924; Krabbe, 1925; u.a.). Die *Lage* des Organs an der Unterseite der hinteren Commissur im Dach des 3. Ventrikels bei den höheren Wirbeltieren, bei den niederen an

homologer Stelle, ist konstant. Von Species zu Species recht unterschiedlich
sind dagegen *Form* und *Größe* des SCO, wobei u.a. das Geschlecht der Tiere
(Ishikawa, 1927) und die Ausbildung der Epiphyse (Turkewitsch, 1936) von
Bedeutung sein sollen. Seit Krabbe (1925) unterscheidet man am SCO zwei Teile,
nämlich das dem Ventrikel zugewandte *Ependym* und das zwischen diesem und
der Commissur gelegene *Hypendym*. Die „Centralgeißelzellen" (Kolmer, 1921) des
Ependyms enthalten Granula bzw. Blasen oder Schollen, die von einigen Autoren
für *Sekret* gehalten werden (z.B. Kolmer, 1921; Reichhold, 1942). — Über die
Funktion des Organs werden sehr verschiedene Theorien angeführt. So hält
Sargent (1900, 1904), der den Reissnerschen Faden als „a nervous structure"
auffaßt, diesen und das SCO für Teile eines optisch-motorischen Reflexapparates.
Dendy (1909), Nicholls (1912) und Tretjakoff (1915) meinen, die genannten
Gebilde seien mitverantwortlich für die Körperhaltung. Auch Kolmer (1921)
schreibt dem SCO statische Aufgaben zu und faßt es mit dem Reissnerschen
Faden und den „intraependymalen Sinneszellen" unter dem Begriff „Sagittalorgan" zusammen. Von der vermuteten sekretorischen Tätigkeit des Ependym-
organs leiten sich weitere Hypothesen ab: Puusepp und Voss (1924) halten es
für möglich, daß das in den Liquor abgegebene Sekret das Gehirnwachstum
beeinflußt. Marburg (1922) nimmt eine Bedeutung des Sekrets für die Absonde-
rung des Liquor cerebrospinalis an, wobei der Reissnersche Faden die Druck-
schwankungen im Ventrikel auf das SCO übertragen soll. Ähnlich meint Reichhold (1942), das Organ sei, je nach den Druckverhältnissen im Liquorraum,
durch Sekretion oder Resorption als Osmoregulator des Liquors tätig.

Eine neue Phase in der Erforschung des SCO beginnt 1950, als Stutinsky das
Vorhandensein einer mit Chromhämatoxylin (nach Gomori) *elektiv anfärbbaren
Substanz* in den subcommissuralen Zellen zeigt und damit ihre sekretorische
Tätigkeit endgültig beweist. Es folgen Mazzi (1952), Wislocki und Leduc (1952)
sowie Bargmann und Schiebler (1952), die außer dieser Neurosekretfärbung auch
histochemische Methoden anwenden. Dawson (1953) findet, daß auch Paral-
dehydfuchsin (nach Gomori-Halmi) eine elektive Anfärbung des subcommissuralen
Sekrets ergibt. Aus den zahlreichen sich anschließenden Untersuchungen des
SCO bei verschiedenen Wirbeltieren (s. S. 10—11) geht hervor: Das SCO ist ein
epithalamisches sekretorisches Gliaorgan (Oksche, 1961). Es gehört zum Komplex
der „circumventriculären Organe" (Hofer, 1958), und zwar zu der aus der
epithelialen Deckplatte des Neuralrohrs entstandenen, phylogenetisch sehr alten
Gruppe der Parietalorgane. Sein Sekretionsprodukt ist als *neutraler Mucopolysaccharid-Protein-Komplex* mit hohem Cystingehalt anzusehen (Lit. s. Oksche,
1962; Naumann, 1968). Bei nahezu allen Tieren erfolgt eine *apikale Sekretabgabe*
in den 3. Ventrikel; sie steht in Zusammenhang mit der Bildung des gleichermaßen elektiv anfärbbaren Reissnerschen Fadens (Wislocki und Leduc, 1952;
Wingstrand, 1953; Olsson, 1958; Talanti, 1959). Eine Korrelation zwischen
sekretorischer Aktivität des subcommissuralen Ependyms und der Dicke des
Reissnerschen Fadens wird allerdings öfters vermißt (Leatherland und Dodd,
1968). Nur bei bestimmten Species wird eine *basale Sekretabgabe* in die Gefäße
des Hypendyms oder in den äußeren Liquorraum angenommen (vgl. Okada,
1955; Murakami et al., 1957; Olsson, 1958; Talanti, 1958; Talanti und Kivalo,
1960; Oksche, 1961; u.a.). — Als *Funktion* wird dem SCO von manchen Autoren

eine Rolle im Salz- und Wasserhaushalt zugeschrieben; sein Sekret soll antidiuretische und aldosteronotrope Wirkung besitzen (vgl. Leatherland und Dodd. 1968). Gilbert (1956, 1957, 1958, 1960), Palkovits und Földvari (1960) und Palkovits (1965) halten aufgrund verschiedener Experimente (Durstversuch, Zufuhr von SCO-Extrakt, Elektrokoagulation des SCO u.a.) das Organ für einen Osmoregulator bzw. für einen Stimulator und Regulator des Durstes. Mit Farrel (1958, 1960) nehmen die Autoren an, daß das subcommissurale Sekret die Aldosteronausschüttung der Nebennierenrinde anrege. Wingstrand (1953), Fridberg und Olsson (1959) sowie Kivalo et al. (1961) können hingegen keine derartige Wirkung des Sekrets feststellen (vgl. Sterba, 1969). Oksche (1959), der bei Anuren eine Beziehung zwischen Hautpigmentierung und Sekretreichtum im SCO findet, deutet einen möglichen Zusammenhang von SCO und Adenohypophyse an: des weiteren erwägt er die Möglichkeit, daß im Zwischenhirn neben dem hypothalamischen neurosekretorischen System „ein zweiter, epithalamischer gliokriner Regulationsmechanismus" existiert. Sterba (1969) sieht die Funktion des SCO speziell in der Produktion des Reissnerschen Fadens; dieser soll durch Absorption schädlicher Substanzen der Liquorentgiftung dienen.

Die bisherigen *feinstrukturellen Untersuchungen* des SCO bei verschiedenen Wirbeltierarten (s. S. 10—11) zeigen in vielen Zügen übereinstimmende, in einigen relevanten Punkten jedoch von einander abweichende Befunde. Die Strukturanalysen erbrachten die weitgehend einheitliche Vorstellung, daß das subcommissurale Sekret als feinflockige Substanz in Zisternen des rauhen endoplasmatischen Reticulum gebildet wird (vgl. Sterba, 1969). Bei einzelnen Species, z.B. Lampetra planeri (Müller und Sterba, 1965), Spheroides niphobles (Murakami und Tanizaki, 1966) und Ratte (Stanka et al., 1964) fällt eine besonders enge räumliche Beziehung solcher Stätten der Sekretbildung zum Zellkern auf. Über die weitere Verarbeitung des Sekrets als Mucopolysaccharid-Protein-Komplex und die Rolle des Golgi-Apparats in diesem Zusammenhang besteht noch Unklarheit (vgl. Stanka, 1967); ebenso ungeklärt ist, ob die Hauptmasse des subcommissuralen Sekrets als Trägersubstanz der eigentlichen Wirkstoffkomponente aufzufassen ist (Sterba und Naumann, 1966; Altner, 1968). Die Abgabe von Sekret in den Liquorraum erscheint — wenngleich auf unterschiedliche Weise dargestellt — auch elektronenoptisch für die meisten der untersuchten Species gesichert; für eine Sekretabgabe in die Blutbahn, d.h. für eine endokrine Funktion des SCO, gibt es Hinweise bei der Kröte (Murakami und Tanizaki, 1963) sowie beim Hund (Oksche, 1969).

Fragestellung. Die vorliegenden Untersuchungen wurden am SCO der Maus durchgeführt, das bisher noch nicht Gegenstand einer elektronenmikroskopischen Studie war. Sie sollen zur Klärung der wesentlichen Frage beitragen, welche Strukturmerkmale, unabhängig von Species bzw. Gattung, prinzipiell biologische Bedeutung besitzen, welche anderen dagegen als Varianten eines grundsätzlichen Bau- und Funktionsplans des Organs als specieseigentümlich zu betrachten sind. Mißt man nämlich dem SCO eine „sehr wichtige Grundfunktion im Wirbeltiergehirn" bei (Sterba, 1969), so kann man annehmen, daß diese bei sämtlichen Species auf ein und demselben cytodynamischen bzw. sekretorischen Mechanismus beruht. Dabei stellen sich nach dem oben Dargelegten folgende Probleme in den Vordergrund: 1. Die Bedeutung des Zellkerns für die sekretorisch aktive

Subcommissuralzelle. 2. Die Entstehung des Sekrets, seine Umformung und sein Transport innerhalb der Zelle. 3. Die Art und Weise der Sekretfreisetzung und ihre Lokalisation. — Die mit dem Elektronenmikroskop an einer möglichst großen Anzahl von Species gewonnene Kenntnis des Sekretionsprinzips läßt in begrenztem Rahmen auch den Versuch zu, aus der Morphologie Schlüsse auf die Funktion des Organs zu ziehen.

Zusammenstellung der wichtigsten licht- und elektronenmikroskopischen Untersuchungen des SCO bei verschiedenen Species der Wirbeltierreihe:

Cyclostomaten. *Branchiostoma lanceolatum*: LM: Boeke (1902)*; Agduhr (1922); Olsson und Wingstrand (1954)*; Adam (1956)*; Hofer (1958). *Myxine glutinosa*: LM: Kolmer (1921); Olsson (1955); Adam (1956)*; EM: Afzelius und Olsson (1957). *Petromyzon fluviatilis* bzw. *Lampetra planeri*: LM: Studnička (1899)*; Tretjakoff (1915); Holmgren (1919); Kolmer (1921); Mazzi (1952); Wingstrand (1953)*; Olsson (1955); Adam (1956, 1957)*; Oksche (1961); Sterba (1962)*; Naumann (1968); EM: Müller und Sterba (1965).

Fische. *Hai*: LM: Oksche (1959/60, 1961); Altner (1964). *Forelle*: LM: Kolmer (1921); Jordan (1925)*. *Lachs*: LM: Rabl-Rückart (1887); Arvy et al. (1955)*; Olsson (1956)*. *Aal*: LM: Stutinsky (1953); Enami (1954)*; Leatherland und Dodd (1968); EM: Leatherland und Dodd (1968). *Gasterosteus aculeatus*: LM: Kolmer (1921); Fridberg und Olsson (1959). *Pristella riddlei*: EM: Stanka (1967). *Spheroides niphobles*: EM: Murakami und Tanizaki (1966).

Amphibien: *Salamander*: LM: Kolmer (1921); Altner (1968). *Triturus alpestris*: LM: Fährmann (1965)*; Altner (1968); EM: Altner (1968). *Bombina variegata*: LM und EM: Altner (1968). *Kröte*: LM: Oksche (1955)*; Altner (1968); EM: Murakami und Tanizaki (1963). *Frosch*: LM: Rabl-Rückart (1887); Gaupp (1897)*; Nicholls (1908)*; Kolmer (1921); Agduhr (1922); Legait (1942, 1946)*; Dawson (1953); Mazzi (1954)*; Oksche (1954, 1955, 1959/60, 1961)*; Mautner (1965)*; EM: Oksche (1969).

Reptilien. *Chamäleon, Alligator* u.a.: LM: Rabl-Rückart (1887); Kolmer (1921). *Eidechse*: LM: Kolmer (1921); Reichold (1942); Pandalai (1958); Oksche (1959/60, 1961). *Gecko japonicus*: LM: Murakami et al. (1957); EM: Murakami (1959); Murakami et al. (1962). *Schildkröte*: LM: Rabl-Rückart (1887); Fleischhauer (1957).

Vögel. *Huhn*: LM: Kolmer (1921); Wingstrand (1953); Grignon und Grignon (1957); Oksche (1961). *Buchfink*: LM: Kolmer (1921); Reichold (1942). *Spatz*: LM: Kolmer (1921); Reichold (1942); Oksche (1961). *Sturmmöve*: LM: Palkovits und Wetzig (1962)*.

Säuger. *Hase*: LM: Bugnon et al. (1963)*. *Kaninchen*: LM: Kolmer (1921); Turkewitsch (1937)*; Reichold (1942); Talanti et al. (1962)*; EM: Schmidt und D'Agostino (1966). *Eichhörnchen*: LM: Canepa (1948)*. *Maus*: LM: Dendy und Nicholls (1910); Kolmer (1921); Wislocki und Leduc (1952); Landau (1960); Oksche (1961); Rakic und Sidman (1968); EM: Herrlinger et al. (1967a, b); Schwink et al. (1967). *Ratte*: LM: Bauer-Jokl (1917); Kolmer (1921); Reichold (1942); Wislocki und Leduc (1952); Landau (1960); Cosnier (1960)*; Kivalo et al. (1961); Palkovits (1961)*; Stanka (1963); Bugnon et al. (1963)*; EM: Lin und Duncan (1961)*; Laatsch (1964)*; Stanka et al. (1964); Schwink und Wetzstein (1966); Lin und Chen (1969). *Meerschweinchen*: LM: Chiarugi (1918)*; Pesonen (1940)*; Reichold (1942); Wislocki und Leduc (1952); Bosque et al. (1958)*; Oksche (1961); Talanti et al. (1962)*; EM: Lin und Duncan (1961)*; Vigh et al. (1967); Papacharalampous et al. (1968). *Katze*: LM: Bargmann und Schiebler (1952); Senaldi (1954); Oksche (1961); Talanti et al. (1962)*. *Hund*: LM: Bauer-Jokl (1917); Kolmer (1921); Bargmann und Schiebler (1952); Talanti (1958); Oksche (1959/60, 1961); Talanti et al. (1962)*; Dellmann (1965)*; EM: Oksche (1969). *Schwein*: LM: Talanti et al (1962)*; Bugnon et al. (1963)*; Stanka (1963). *Pferd*: LM: Talanti et al. (1962)*; Bugnon et al. (1963)*. *Kamel, Dromedar*: LM: Talanti et al. (1962)*; Talanti und Kivalo (1962). *Ziege* u.a.: LM: Kolmer (1921); Talanti und Kivalo (1960); Talanti (1966). *Schaf*: LM: Turkewitsch (1937a)*; Talanti und Kivalo (1960); Barlow et al. (1967); EM: Barlow et al.

---

* Die so gekennzeichneten Arbeiten finden sich bei Meinel (1967). LM = lichtmikroskopische, EM = elektronenmikroskopische Untersuchung.

(1967). *Rind*: LM: Bauer-Jokl (1917); Turkewitsch (1936); Olsson (1958); Talanti (1958, 1959); Oksche (1959/60, 1961); Anderson (1961)*; Talanti et al. (1962)*; EM: Anderson (1961)*; Isomäki et al. (1965). *Affe*: LM: Kolmer (1921, 1931)*; Suzuki (1938)*; Hofer (1958); Oksche (1961). *Mensch*: LM: Dendy und Nicholls (1910); Bauer-Jokl (1917); Kolmer (1921); Puusepp und Voss (1924); Krabbe (1925); Keen und Hewer (1935); Pesonen (1940); Oksche (1956, 1961, 1963)*; Wislocki und Roth (1958)*; Olsson (1961)*; Bosque et al. (1961)*; Palkovits et al. (1962)*; Palkovits (1965); EM: Oksche (1969).

Material und Methoden

Lichtmikroskopische Untersuchungen. Es wurde das Subcommissuralorgan von 7 adulten weißen Mäusen (4 ♂♂, 3 ♀♀; Gewicht 17—22 g) untersucht. Nembutalnarkose. Angewandte Fixierungen (die §-Angabe bezieht sich auf Romeis, 1968): Susa-Gemisch nach Heidenhain (§ 344), Sublimatgemisch nach Romeis (§ 346), Bouinsches Fixierungsgemisch (§ 304), 6%iger phosphatgepufferter Glutaraldehyd. Einbettung in Paraffin. Serienschnitte in frontaler (3), sagittaler (3) bzw. horizontaler (1) Richtung. Verwendete Färbungen: Hämatoxylin-Eosin, Hämalaun-Eosin, Azan, Chromhämatoxylin nach Gomori (§ 1919), Aldehydfuchsin nach Gomori (§ 1607), Aldehydthionin nach Paget (§ 1921). Den lichtmikroskopischen Abbildungen liegen mit Aldehydthionin gefärbte Schnitte zugrunde.

Elektronenmikroskopische Untersuchungen. Zur Untersuchung gelangten 11 adulte weiße Mäuse (Maus 1 ♂ 21,5 g; Maus 2 ♂ 24 g; Maus 3 ♂ 23,5 g; Maus 4 ♂ 28 g; Maus 5 ♀ 28,5 g; Maus 6 ♂ 26 g; Maus 7 ♂ 26,5 g; Maus 8 ♀ 29 g; Maus 9 ♀ 27 g; Maus 10 ♂ 27,5 g; Maus 11 ♂ 22,5 g). Nembutalnarkose; nach Dekapitation durch raschen Scherenschlag wurde das SCO als Gewebeblock von etwa 2 mm Kantenlänge entnommen und innerhalb von 1—2 min nach Unterbrechung der Blutzufuhr in das Fixationsmittel gebracht. Vorfixierung in 6%igem phosphatgepuffertem Glutaraldehyd (Sabatini et al., 1963) für mindestens 2 Std; Auswaschen in Pufferlösung; Nachfixierung für 2 Std in veronalacetatgepufferter Osmiumtetroxydlösung (pH 7,2); Entwässerung; Einbettung in Epon 812 (Luft, 1961) unter Zwischenschaltung von Propylenoxyd; Polymerisation im Wärmeschrank je 24 Std bei 35 und 45° C, 36 Std bei 60° C. An den mit Minutienstiften (Wetzstein, 1955) für Frontalschnitte orientierten Gewebeblöckchen wurde der gewünschte Bereich mit Hilfe von Phasenschnitten bestimmt und unter dem Stereomikroskop zugetrimmt; bei mehreren Tieren (Maus 1, 2, 4, 5) wurden zwei Objektstellen untersucht. Herstellung der Dünnschnitte z.T. mit dem Ultramikrotom nach Porter-Blum, z.T. mit dem „Ultrotome" (LKB). Einfachkontrastierung mit Uranylacetat oder Bleihydroxyd (Watson, 1958b; Norman, 1964) bzw. Doppelkontrastierung mit Bleicitrat (Reynolds, 1963), Bariumchlorid (Blinzinger und Matussek, 1966) oder Phosphorwolframsäure (Watson, 1958a) und Uranylacetat. Untersuchung mit dem Siemens-Elektronenmikroskop „Elmiskop I", Strahlspannung 60 oder 80 kV.

Folgende *Abkürzungen* werden in den Abbildungen mehrmals verwendet: *3. V* 3. Ventrikel, *Ep* Ependym, *Hyp* Hypendym, *CP* Commissura posterior, *N* Zellkern, *P* Kernpore, *ER* endoplasmatisches Reticulum, *GA* Golgi-Apparat, *S* helles Sekret, *G* dichtes Sekretgranulum, *V* Sekretvacuole, *M* Mitochondrion, *F* Filamente, *T* Mikrotubuli, *C* Cilie, *MV* Mikrovilli, *D* Desmosom. *U* Uranylacetat, *PbH* Bleihydroxyd, *PbC-U* Bleicitrat-Uranylacetat, *U-Ba* Uranylacetat-Bariumchlorid, *U-PWS* Uranylacetat-Phosphorwolframsäure.

Ergebnisse

Lichtmikroskopische Befunde

Die *Gestalt* des SCO bei der Maus ähnelt der bei zahlreichen höheren Wirbeltieren (vgl. Oksche, 1961). Das differenzierte Ependym bedeckt die konvexe Unterfläche der Commissura posterior und biegt an deren rostraler Seite spitzwinklig in den Boden des Recessus infrapinealis um. Im rostralen Bereich zeigt das Organ eine oder zwei fingerförmige Invaginationen des Ependyms in die Commissur, die sich auf Sagittalschnitten als Querfalten darstellen (Abb. 1a).

Eine ähnliche, jedoch erheblich stärker ausgebildete Ependymbucht findet Oksche (1961) beim adulten Hund. Auf durch die Invagination geführten Horizontalschnitten gleicht das Bild von rund um ein Lumen angeordneten Ependymzellen inmitten der Commissur dem eines Querschnitts durch den Recessus mesocoelicus bei anderen Species (vgl. Palkovits, 1965). Caudal dieser Bucht(en) verdickt sich die Ventrikelwand beträchtlich, da erst hier die Hauptmasse der Commissur — und des SCO — gelegen ist. Das subcommissurale Ependym erstreckt sich im Dach des Aquaeductus mesencephali noch ein kleines Stück über die Commissur hinaus. Am caudalen Ende des Organs finden sich oft zwei separate Inseln aus radiär gruppierten, teilweise in das darunterliegende Gewebe invaginierten Subcommissuralzellen. Gleichartige, etwas weiter vom Organende entfernte Zellinseln sieht Stanka (1963) bei der Ratte; Meinel (1967) deutet solche Bilder als Paramedianschnitte durch die hinter der Commissur auslaufende dünne Ependymrinne. Ein Recessus mesocoelicus ist bei der Maus nicht vorhanden (s. Dendy und Nicholls, 1910). Im Frontalschnitt (Abb. 1 b) besitzt das Organ die Gestalt eines Hufeisens, das sich scharf vom umgebenden Gewebe abhebt. Das „gewöhnliche" Ependym der Ventrikelwand umhüllt die beiden leistenartig ins Lumen vorspringenden Pole des Hufeisens und buchtet sich direkt unter diesen in charakteristischer Weise ein.

Der *Reissnersche Faden* ist bei der Maus sehr zart, was schon von früheren Autoren (Sargent, 1900; Kolmer, 1921; Agduhr, 1922) wie auch von Oksche (1961) festgestellt wird. Er formiert sich kurz hinter der Ependymbucht aus zahlreichen feinen „Ursprungsfäden" (Hofer, 1964), die vom freien Saum der Ependymzellen ausgehen. Caudalwärts wird er ein wenig dicker, indem er von der gesamten Oberfläche des Organs weitere dünne Äste aufnimmt.

Zur *Größe* des SCO erheben wir folgende Befunde: Die Gesamtlänge in rostrocaudaler Richtung beträgt etwa 1 mm. Der über der hinteren Commissur im Boden des Recessus infrapinealis gelegene Abschnitt, die *Pars supracommissuralis* (Bezeichnungen nach Palkovits, 1965), erstreckt sich über ca. 200 μ. Die anschließende *Pars praecommissuralis* ist mit ca. 50 μ ziemlich kurz. Die unter der Commissur befindliche *Pars subcommissuralis*, nach der das Organ ja benannt wurde, stellt mit einer Länge von ca. 650 μ seinen Hauptanteil dar. Der letzte Abschnitt, die *Pars retrocommissuralis*, mißt einschließlich der beiden Zellinseln ca. 150 μ. Die Breite des Organs beträgt in der Pars prae- bzw. retrocommissuralis ca. 90 μ und nimmt innerhalb der Pars subcommissuralis, wo sich auch die vom SCO umfaßte Ventrikelrinne erweitert, bis ca. 180 μ zu.

Das *Ependym* des supracommissuralen Abschnitts ist einreihig und nur ca. 20 μ hoch. Die langgestreckten Zellen sitzen mit meist kurzen basalen Fortsätzen der Commissur auf. Die am weitesten in den Recessus infrapinealis vorgeschobenen Subcommissuralzellen sind fast parallel zur Oberfläche orientiert und teilweise vom „gewöhnlichen" Ependym bedeckt. Dieses ist hier — im Gegensatz zu der an anderen Stellen kubischen Zellform — abgeplattet. Gegen die rostrale Biegung des Organs hin gewinnen die Subcommissuralzellen zunehmend eine senkrecht auf die Ventrikeloberfläche gerichtete Stellung. Im subcommissuralen Abschnitt liegen zwei bis vier Kernreihen übereinander. Das 40—60 μ hohe Ependym ist indessen als einschichtig zu bezeichnen, da offenbar sämtliche Zellen die Oberfläche erreichen und solche mit höher gelegenem Kern einen längeren basalen Fortsatz

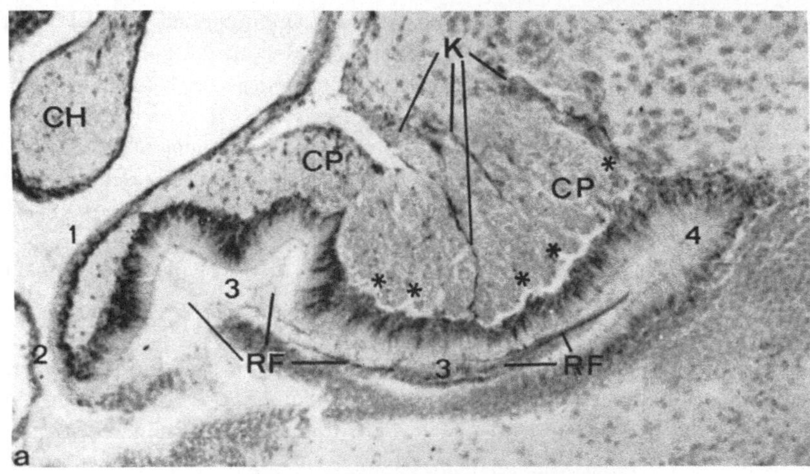

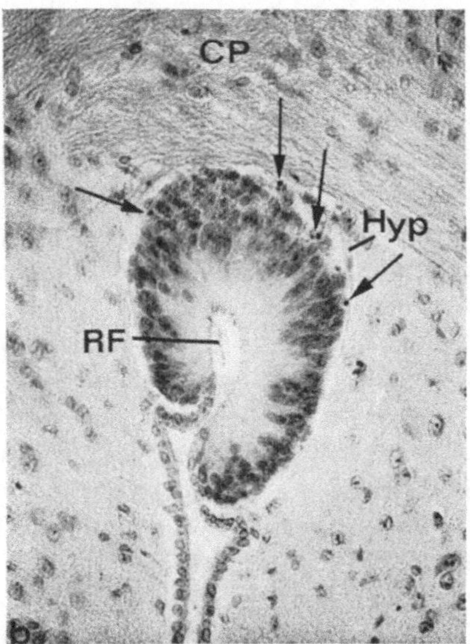

Abb. 1a—b. Gestalt und Bau des SCO. a Paramedianer Sagittalschnitt. *1* Pars supracommissuralis, *2* Pars praecommissuralis, *3* Pars subcommissuralis (rostral zwei Ependymbuchten), *4* Pars retrocommissuralis. Die Commissura posterior (*CP*) wird von Gliafastersträngen unterteilt, welche von kleinen Hypendymzwickeln (*) ausgehen. *K* Blutgefäße, *RF* Reissnerscher Faden, *CH* Commissura habenularum. ca. 120:1. b Frontalschnitt im rostralen Bereich der Pars subcommissuralis. Mehrreihiges Ependym, im Grenzgebiet von hinterer Commissur und Neuropil durch Hypendym unterlagert. Hier mit Aldehydthionin dunkelblau angefärbte Sekretgranula (↗). Etwa 220:1

aufweisen. Caudal der Ependymbucht wird die Commissur durch Gliafaserstränge in 10—15 ungleich große Segmente unterteilt, welche halbkreisförmig gegen das SCO vorspringen. In den so gebildeten Zwickeln liegen einige Haufen meist wahllos orientierter Zellen, die von der ependymalen Kernzone durch das helle Geflecht der basalen Ependymzellfortsätze getrennt sind. Diese Zellansammlungen stellen den Hauptanteil des *Hypendyms* dar (s. aber S. 15). Auf Frontalschnitten

findet sich das Hypendym besonders im lateralen Organbereich (Abb. 1 b) und je
nach Schnittebene verschieden stark ausgeprägt. Median fehlt es fast völlig auf
der Höhe einer Vorbuchtung der Commissur, da hier die basalen Ependymfortsätze unmittelbar an die Commissurenfasern stoßen. Der das Ende der
hinteren Commissur begrenzende Gliafaserstrang wird von einer besonders großen
hypendymalen Zellansammlung begleitet, an die sich nach caudal keine weitere
anschließt. Der retrocommissurale Abschnitt besitzt somit nur einen — mehrreihigen — Ependymverband; ein vom Hypendym ausgehender „dorsal crest“, wie
ihn Friede (1961) bei verschiedenen Tieren, nicht aber bei der Maus, im Dach
des Aquaeductus mesencephali findet, ist auch nach unseren Beobachtungen
nicht vorhanden.

Die zuführende *Blutversorgung* des Organs erfolgt durch kleinere arterielle
Äste, die, offenbar wie bei anderen Wirbeltieren den Aa. cerebri post. (Duvernoy
und Koritke, 1969) entstammend, die hintere Commissur durchdringen und bis
ins Hypendym reichen. Capillaren werden recht regelmäßig im Grenzgebiet
von SCO, Commissur und benachbartem Neuropil gefunden. Fast stets sind
um solche kleinste Gefäße Hypendymzellen gruppiert. Im Ependym werden
Capillaren äußerst selten angetroffen. Der Abfluß erfolgt durch dünne Venen,
die paramedian girlandenförmig an der Unterseite der Commissur entlangziehen
und sich in bzw. über Hypendymzwickeln zu etwas größeren vereinen. Diese
ziehen meist mit den Gliafasersträngen durch die Commissur und münden entweder unmittelbar in die beiderseits des Recessus infrapinealis in einem Piatrichter gelegenen großen Venen oder erreichen diese über zwei paramedian
oberhalb der Commissur verlaufende Gefäße.

Die subcommissuralen *Ependymzellen* lassen sich von anderen Zellen durch
ihre *Kerne* gut unterscheiden. Diese sind oval bis länglich, wie es auch für die
subcommissuralen Zellkerne von Ratte und Schwein (Stanka, 1963) als typisch
beschrieben wird. Mit höherer Vergrößerung läßt jedoch die wechselnde Focussierung auf verschiedene Ebenen geradezu bizarre Formen erkennen, die durch
tiefe Einbuchtungen an den Kernen hervorgerufen werden. Außerdem färben sich
die subcommissuralen Kerne intensiver an als die Kerne von „gewöhnlichen“
Ependymzellen oder gar von Nervenzellen. Mit HE und Azan wird das Cytoplasma unterschiedlich stark tingiert; einige Vacuolen bleiben ausgespart. Nahe
der Ventrikeloberfläche sind die Zellen durch kräftige Schlußleisten miteinander
verbunden. Im apikalen Cytoplasma zählt man 1—2 Basalkörnchen von Cilien. —
Hin und wieder sieht man Zellen eingestreut, deren Kern pyknotisch, deren
Cytoplasma trotz vieler Vacuolen im Ganzen sehr dunkel ist. — Mit den
elektiven Neurosekretfärbungen, insbesondere mit Aldehydthionin (s. S. 52),
werden zwei Formen von *Sekret* sichtbar: Feinste, eben noch auflösbare Granula
bilden bei nahezu allen Zellen hellblaue (bis mittelblaue) Sekretkappen an den
basalen Kernpolen. Supranucleär findet sich das *hellblaue* Sekret weniger reichlich
und mehr als diffuse Anfärbung, die zum Ventrikel hin deutlich abnimmt. Im
apikalen Cytoplasma, besonders nahe der Zelloberfläche, treten dagegen intensiv
dunkelblau gefärbte, etwas gröbere Sekretgranula auf. Kleine Ansammlungen
davon beobachtet man häufig innerhalb der in den Ventrikel vorgebuchteten
Zellapices. Seltener liegt dunkelblaues Sekret frei im Liquorraum und scheint da
in Verbindung zu feinen Ästen des ebenfalls dunkelblau angefärbten Reissnerschen

Fadens zu stehen. Ein regelrechter apikaler Körnchensaum ist bei der Maus nicht vorhanden (Oksche, 1961), da die Granula zu wenig eng gelagert sind. — In den meisten *Hypendymzellen* kommen gleichfalls *beide Sekretformen* vor. Hellblaues Sekret füllt das perinucleäre Cytoplasma in unterschiedlicher Menge an. Dunkelblaue Granula finden sich im Fortsatz der fast stets langgestreckten Zellen. Durch diese Sekretanfärbung fallen auch wenige oder einzelne vom subcommissuralen Ependym abgelöste Hypendymzellen so deutlich auf, daß man außer den oben genannten Zwickeln noch weitere, kleinere Hypendymbereiche erkennen kann. Im rostralen Bereich des subcommissuralen Abschnitts dringen vereinzelte oder in Ketten angeordnete sekretorische Hypendymzellen, von der Basis des Ependymverbands weg, in die Commissur ein. Die granulahaltigen Fortsätze sind oft auf die Commissur zu gerichtet. Besonders häufig gehen schmale sekretführende Zellstraßen vom Scheitel einer Ependymbucht aus. Liegt diese weit rostral, so erreichen die Hypendymzellen der Pars subcommissuralis den Ependymverband der Pars supracommissuralis bzw. das „gewöhnliche" Ependym des Recessus infrapinealis. Liegt die Bucht mehr caudal oder existiert eine zweite Ependymbucht, so laufen die von hier ausgehenden Zellketten zum größten Teil auf die Venen im Piatrichter zu und erreichen die Membrana gliae perivascularis der größeren, über der Commissur verlaufenden Gefäße oder — sehr selten — die Membrana gliae limitans superficialis. Auch entlang kleinerer Venen in der hinteren Commissur lassen sich caudal der Ependymbucht(en), im Verlauf von Gliafasersträngen manchmal sekrethaltige Subcommissuralzellen erfassen. In den Hypendymzwickeln fallen dichte Gruppen dunkelblauer Sekretgranula auf (Abb. 1 b). Während kleinere Ansammlungen von Granula meist im Fortsatz einzelner Hypendymzellen liegen, kommen größere durch eine sternförmige Zusammenlagerung mehrerer granulahaltiger Zellbereiche zustande. Im Zentrum solcher *Zellrosetten* sieht man zusammengeballtes dunkelblaues Sekret, jedoch kein Lumen. Lage und Anordnung der Zellen sowie ihre radiär auf ein Zentrum gerichtete Sekretion sprechen dafür, daß es sich um hypendymale Zellrosetten ependymalen Ursprungs handelt, wie sie ähnlich bei anderen Species vorhanden sind (Rind: Olsson, 1958; Talanti, 1958; Dromedar: Talanti und Kivalo, 1962; Schwein: Stanka, 1963; Affe: Hofer, 1958; Mensch: Palkovits, 1965). Bei der Maus besitzen die Zellrosetten keine sichtbare Verbindung zum Ventrikellumen. Hypendymale Zellfortsätze, die der Wand von Blutcapillaren dicht angelagert sind, enthalten öfters reichlich Sekret, und zwar hauptsächlich dunkelblaue Granula. Im Gefäßlumen können wir kein Sekret beobachten. — Insgesamt läßt sich also sowohl im Ependym wie auch im Hypendym eine bemerkenswerte sekretorische Aktivität nachweisen, die einerseits auf den inneren Liquorraum, andererseits offenbar auch auf die Blutgefäße und — wenngleich äußerst gering — den äußeren Liquorraum gerichtet ist.

Elektronenmikroskopische Befunde

a) Das Ependym

An Frontalschnitten stellt sich am besten die Pars subcommissuralis des Organs dar, die seinen bedeutendsten Teil ausmacht. Die folgende Beschreibung beschäftigt sich ausschließlich mit diesem Abschnitt. — Das elektronenmikro-

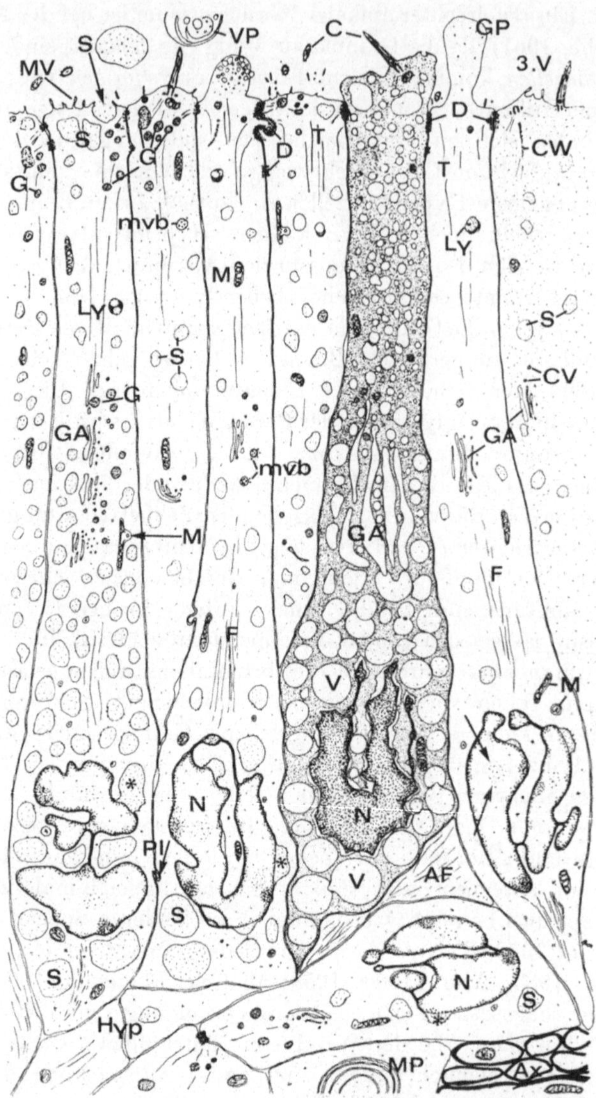

Abb. 2. Subcommissurale Ependymzellen. Langgestreckte, cilientragende Ependymzellen mit unterschiedlicher sekretorischer Aktivität. Die Kerne sind zerklüftet; die perinucleäre Zisterne ist häufig durch helles Sekret erweitert. Zwischen helleren Zellen (Prototyp) eine dunkle Zelle mit verdichtetem Cytoplasma, pyknotischem Kern und vielen Sekretvacuolen. Häufig gebrauchte Abkürzungen s. S. 11. — *VP* vesiculäre Protrusion, *GP* homogengranuläre Protrusion, *CW* Cilienwurzel, *S* ↗ helles Sekret gelangt in den Ventrikel, *M* ↗ umschriebene Auftreibung eines Mitochondrion, *cv* coated vesicles, *mvb* multivesiculärer Körper, *Ly* lysosomaler Restkörper, * helles Sekret in der perinucleären Zisterne, ↗ dicht granulierte Bereiche im Zellkern, *Pl* ↗ Verzahnung des lateralen Plasmalemm, *AF* Fortsatz eines filamentären Astrocyten, *MP* konzentrische Membranpaare in einer Hypendymzelle, *Ax* myelinumhüllte Axone der Commissura posterior. Etwa 3000:1

skopische Bild des Ependyms zeigt, entsprechend den lichtmikroskopischen Befunden, einen mehrreihigen Verband parallel geordneter hochprismatischer Zellen. Diese sind sehr schmal und zeigen nur auf der Höhe des Zellkerns eine mäßige Verbreiterung (Abb. 2). Das Verhältnis von Zellbreite zu -höhe beträgt 1:7 bis 1:9. Obwohl zum Teil recht unterschiedlich aussehend, stimmen die Ependymzellen doch in zahlreichen wesentlichen Merkmalen überein, so daß wir sie als Varianten eines einheitlichen Zelltyps auffassen. Wir beschreiben zuerst die sämtlichen Ependymzellen gemeinsamen Züge; dabei beginnen wir mit dem Kern und gehen bei der Behandlung der Cytoplasmakomponenten im Hinblick auf die sekretorischen Vorgänge von der Kernzone aus in apikaler Richtung vor. Die verschieden langen basalen Fortsätze, deren Geflecht eigentlich der Hypendymzone angehört, werden als Teil der Ependymzellen anhangsweise (S. 32) besprochen. Erst am Schluß dieses Kapitels befassen wir uns mit den unterschiedlichen Ausprägungen des ependymalen Zelltyps.

α) Zellkern

Der Kern ist ausnahmslos weit basal gelegen. Seine grundsätzlich ovoide *Gestalt* ist zerklüftet, d.h. durch zahlreiche sehr tiefe Einbuchtungen, die vorwiegend in Längsrichtung verlaufen, außerordentlich stark gelappt bzw. segmentiert (Schwink et al., 1967). So entstehen sehr bizarre Schnittbilder — doch überrascht immer wieder, daß sich die einzelnen Kernteile fast stets zu einer geschlossenen Form zusammenfügen, welche der „normaler" ovoider Kerne entspricht. Man findet auf einem Kernschnitt bis zu 8 Segmente, die durch sehr schmale Verbindungen (s. S. 21) zusammenhängen (Abb. 3a). Isolierte Anschnitte von Kernsegmenten trifft man recht selten an. Aus dieser Zerklüftung der Zellkerne resultiert eine erhebliche Vergrößerung ihrer Oberfläche. Wir kommen zu dem Ergebnis, daß die Oberfläche der gebuchteten Kerne um den Faktor 1,7—3,1 (vereinzelte Extremwerte 1,3 bzw. 3,8) größer ist als die von ungebuchteten ovoiden Kernen gleichen Volumens. Der mittlere Wert für den Faktor f der Oberflächenvergrößerung beträgt 2,4.

Zur Bestimmung dieses Faktors benutzen wir ein dem Prinzip des ZEISS-Integrationsokulars (Hennig, 1958) folgendes Punktzählverfahren: Auf eine durchsichtige Folie wird ein Raster aus parallelen Linien (Abstand 5 mm) gezeichnet. Auf den Linien tragen wir Unterteilungspunkte so auf, daß jeder Punkt von seinen 6 Nachbarpunkten ca. 5,8 mm entfernt ist. (Diese Abmessungen sind für die Auswertung unserer Aufnahmen mit einer Gesamtvergrößerung von ca. 8250:1 geeignet.) An jedem Kernschnittbild werden 4 Auszählungen, unter jeweils um ca. 45° geänderter Orientierung der Folie, vorgenommen und ihr Ergebnis gemittelt. Auf diese Weise haben wir von 50 Zellkernbildern bestimmt:

1. Die Zahl P von Unterteilungspunkten, die in die Kernfläche fallen (als Vergleichsmaß für das Kernvolumen).

2. Die Zahl S der Schnittpunkte von Rasterlinien mit der Kernmembran (als Vergleichsmaß für die Kernoberfläche).

In einem weiteren Arbeitsgang haben wir die 50 Kernbilder durch eine „umhüllende Konturlinie" zu ungebuchteten ovoiden Kernen idealisiert und an diesen in gleicher Weise bestimmt:

1. Die Zahl P_1 von Unterteilungspunkten, die in die Fläche des idealisierten Kerns fallen.

2. Die Zahl S_1 der Schnittpunkte von Rasterlinien mit der „umhüllenden Konturlinie".

Der gesuchte Faktor f für die Vergrößerung der Oberfläche von gebuchteten Kernen würde sich zu $f = S/S_1$ (angenähertes Verhältnis der Oberflächen volumengleicher Körper von unähnlicher Form) ergeben, wenn SCO-Kern und idealisierter Kern gleiches Volumen hätten.

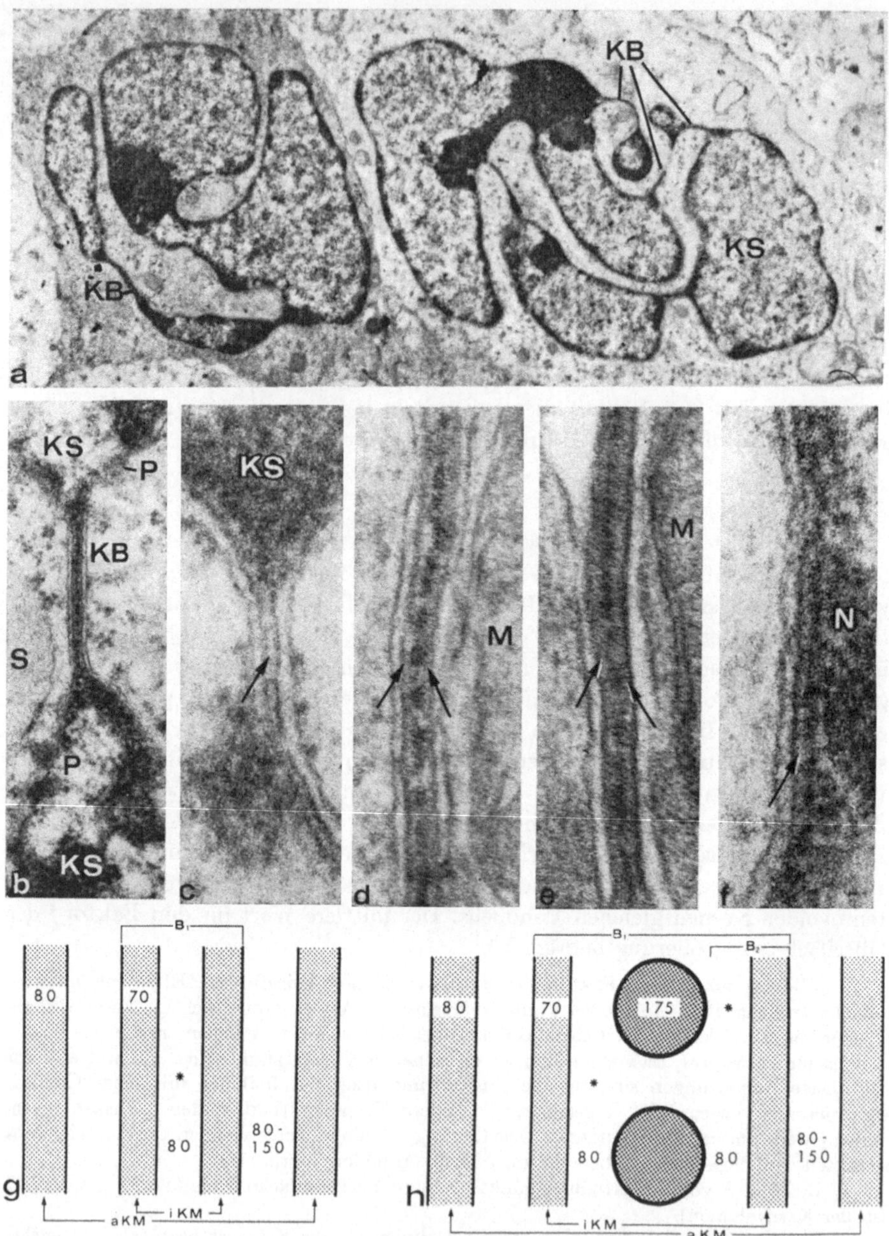

Abb. 3a—h. Segmentierte Zellkerne und Kernbrücken. a Maus 4. Kernbereich zweier Ependymzellen mit unterschiedlich dichtem Cytoplasma. Vielfältig gebuchtete und segmentierte Kerne; die einzelnen Kernsegmente (*KS*) sind durch dünne Kernbrücken (*KB*) verbunden. *U.* 8000:1. b Maus 10. Profil einer Kernbrücke zwischen zwei Kernsegmenten. Längs der Kernbrücke besitzt die Kernmembran keine Poren. *U.* 35000:1. c Maus 7. Kernbrücke vom schmaleren Typ; zwischen den beiden inneren Kernmembranen ist nur eine etwa 80 Å breite homogene helle Zone zu sehen (↗). *U.* 100000:1. d Maus 8. Kernbrücke vom breiteren Typ; zwischen den beiden inneren Kernmembranen liegt eine Reihe perlschnurartig angeordneter Chromatingranula, die beidseits von einer etwa 80 Å

Tatsächlich ist jedoch das Volumen des idealisierten Kerns größer, weil auch Cytoplasmabereiche der Kernbuchten in die von der „umhüllenden Konturlinie" umschlossene Fläche einbezogen sind. Deshalb müssen wir P_1 auf den Wert P des zugehörigen Kerns reduzieren und gleichzeitig S_1 zu dem Wert S_2 korrigieren (s. u.). Damit ergibt sich $f = S/S_2$ als angenähertes Verhältnis der Oberfläche der SCO-Kerne zu der der reduzierten idealisierten Kerne.

Bei der folgenden Ableitung erhalten die verwendeten Größen ($V =$ Volumen, $O =$ Oberfläche, $F =$ Fläche, $U =$ Umfang, $r =$ Mittel der Halbachsen der idealisierten ovoiden Kerne) für die idealisierten Kerne den Index $\ldots_1$, für die reduzierten idealisierten Kerne den Index $\ldots_2$. c und p sind Proportionalitätsfaktoren, die von der Dichte der Rasterlinien bzw. der Unterteilungspunkte abhängig und somit konstant sind. Wir gehen davon aus, daß für die idealisierten und die reduzierten idealisierten Kerne in Näherung gilt:

$$V_1 = 4/3 \cdot \pi \cdot r_1^3; \quad O_1 = 4 \cdot \pi \cdot r_1^2;$$

$$V_2 = 4/3 \cdot \pi \cdot r_2^3; \quad O_2 = 4 \cdot \pi \cdot r_2^2;$$

Dann folgt:

$$V_2/V_1 = r_2^3/r_1^3; \tag{1}$$

$$O_2/O_1 = r_2^2/r_1^2; \tag{2}$$

aus (1):

$$r_2 = r_1 \cdot \sqrt[3]{V_2/V_1};$$

in (2):

$$O_2 = O_1 \cdot \sqrt[3]{(V_2/V_1)^2}. \tag{3}$$

Für die Werte der Auszählungen an den idealisierten Kernen gilt:

$$P_1 = p \cdot F_1; \quad P_1 = p \cdot r_1^2 \cdot \pi;$$

$$V_1 = 4/3 \, [P_1/(p \cdot \pi)]^{3/2} \cdot \pi \tag{4}$$

und:

$$S_1 = c \cdot U_1; \quad S_1 = c \cdot 2 r_1 \cdot \pi;$$

$$O_1 = [S_1/(c \cdot \pi)]^2 \cdot \pi. \tag{5}$$

Analog gilt für die reduzierten idealisierten Kerne, wobei $P_2 = P$ (s. o.):

$$V_2 = 4/3 \, [P/(p \cdot \pi)]^{3/2} \cdot \pi; \tag{6}$$

$$O_2 = [S_2/(c \cdot \pi)]^2 \cdot \pi; \tag{7}$$

(4), (5), (6) und (7) in (3):

$$S_2^2 = S_1^2 \cdot \left[\sqrt[3]{(P/P_1)^2} \right]^{3/2};$$

$$S_2 = S_1 \cdot \sqrt{P/P_1}.$$

Es resultiert für die Vergrößerung der Oberfläche:

$$f = S/S_1 \cdot \sqrt{P_1/P}.$$

breiten homogenen hellen Zone flankiert ist. *PbC-U.* 100000:1. e Maus 8. Kernbrücke vom breiteren Typ als Teil eines pyknotisch veränderten Zellkerns; die Chromatingranula sind nur undeutlich zu erkennen, der perinucleäre Spalt ist erweitert und optisch leer. Das neben der Kernbrücke liegende Mitochondrion ist intakt. *PbC-U.* 100000:1. f Maus 9. Rand eines Kernsegments; zwischen der äußersten Reihe von Chromatingranula und der inneren Kernmembran liegt eine etwa 80 Å breite helle Zone ($\nearrow$), die stellenweise durch zarte Linien unterbrochen ist. *U-Ba.* 100000:1. g und h. Schematische Darstellungen entsprechend c bzw. d; *iKM* innere, *aKM* äußere Kernmembran, *homogene helle Zone, B_1 und B_2 s. Text. Maßangaben in Å

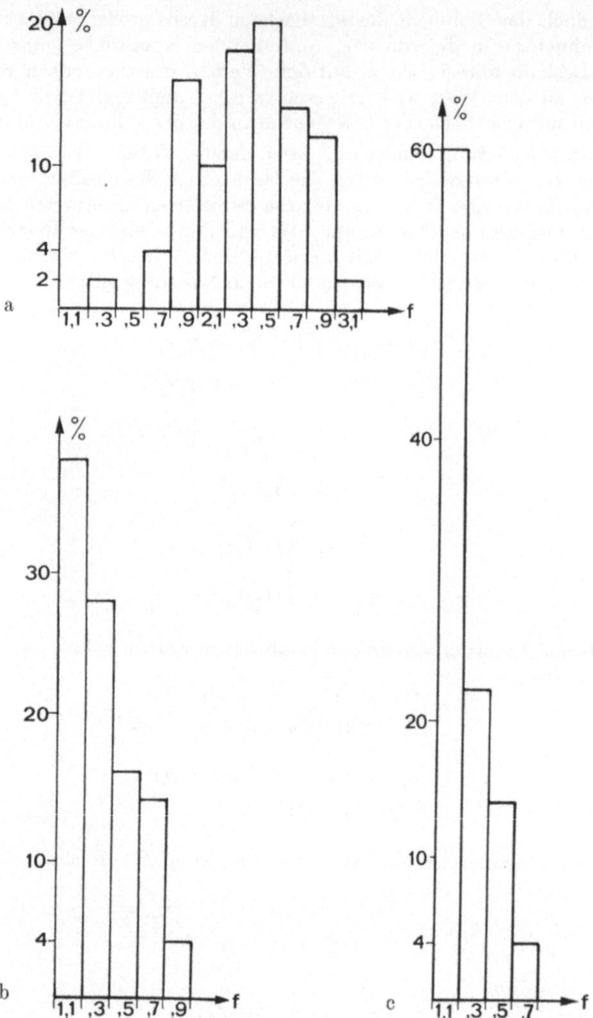

Abb. 4a—c. Häufigkeitsverteilung für den Faktor f der Oberflächenvergrößerung von SCO-Zellkernen (vgl. Text). Jedem Diagramm liegen Auswertungen an 50 Kernen zugrunde. a Maus; mittlerer Wert: $f = 2,4$. b Ratte; mittlerer Wert: $f = 1,3$. c Meerschweinchen; mittlerer Wert: $f = 1,2$

Der Faktor f, der annäherungsweise die Oberflächenvergrößerung von sub-commissuralen Zellkernen wiedergibt, ist für die ausgewerteten 50 Kerne in Abb. 4a dargestellt; die Werte wurden Klassen zugeordnet, die mit ihrem „Schwerpunkt" verzeichnet sind: „1,1" $= 1,00$—$1,19$; „1,3" $= 1,20$—$1,39$ usf. Der oben erwähnte vereinzelte Extremwert von 3,8 bleibt im Diagramm aus zeichnerischen Gründen unberücksichtigt. — Der Faktor f zeigt keine Abhängigkeit vom Kernvolumen. — Zum Vergleich zu den Werten bei der Maus bestimmten wir den Faktor f ebenso für je 50 Zellkerne von Ratte (Abb. 4b) und Meerschweinchen (Abb. 4c); das Bildmaterial dazu stellten uns die Autoren der

Arbeiten über das SCO der Ratte (Stanka et al., 1964) bzw. des Meerschweinchens (Papacharalampous et al., 1968) zur Verfügung. Der mittlere Wert für den Faktor f der Oberflächenvergrößerung beträgt bei der Ratte 1,3 und beim Meerschweinchen 1,2.

Das *Kerninnere* enthält gleichmäßig verteiltes Euchromatin. In der Mitte größerer Kernareale kann man oft umschriebene Bereiche erkennen, in denen gröbere dunkle und feinere helle Granula dicht gepackt beieinanderliegen (Abb. 10a); die Anzahl dieser Bereiche, die einen Durchmesser zwischen 1 und 2 μ besitzen, beträgt bis 3 pro Kernschnitt. Ein Heterochromatinsaum, bestehend aus 2—3 Reihen von Chromatingranula, liegt unter der Kernmembran und ist nur an den Stellen der Kernporen (s.u.) deutlich unterbrochen. Die stets randständigen und häufig nach außen vorgebuchteten Nucleolen werden durch diesen Chromatinsaum von der Kernmembran getrennt. Sie sind zusätzlich von größeren Heterochromatinansammlungen umgeben; in deren Nähe sieht man ab und zu Perichromatingranula (Watson, 1962; Afzelius und Schoental, 1967), kenntlich am Durchmesser von 350—400 Å und an dem sie umgebenden hellen Hof. Zwischen Chromatinsaum und Kernmembran findet sich eine dünne helle Zone aus homogenem Material (Abb. 3f). Sie dürfte der als „fibrous lamina" (Fawcett, 1966) bzw. als „Zonula nucleum limitans" (Patrizi und Poger, 1967) beschriebenen Struktur entsprechen, wenngleich ihre Breite (80 Å) unter den von den Autoren angegebenen Werten liegt. Von einigen Heterochromatingranula gehen kurze dichtere Verbindungsstege durch die helle Zone zur inneren Kernmembran. — Das Kerninnere wird vom Cytoplasma durch die innere (ca. 70 Å) und äußere (ca. 80 Å) *Kernmembran* getrennt. Zwischen beiden liegt der perinucleäre Spalt, dessen Breite erheblich schwankt. — Als *Kernbrücken* bezeichnen wir (Herrlinger et al., 1967b) die Verbindungen zwischen den einzelnen Kernsegmenten (Abb. 3b). Sie sind auf Stufenschnitten verfolgbar und müssen demnach als flächig ausgedehnte Septen aufgefaßt werden. Da nie ein freier Rand dieser Septen angetroffen wird, nehmen wir an, daß sie allseitig in — wenn auch manchmal kleine — Kernareale übergehen. Die Kernbrücken sind unterschiedlich lang (bis zu 7 μ) und nur 500—1000 Å breit. Den beiden einander stark angenäherten inneren Kernmembranen folgen nach außen jeweils ein perinucleärer Spalt (80—150 Å) und die äußere Kernmembran. Über die Gesamtlänge einer Kernbrücke beträgt der Abstand zwischen den beiden inneren Kernmembranen mit bemerkenswerter Konstanz entweder ca. 340 Å oder nur ca. 80 Å, so daß wir einen breiteren und einen schmaleren Typ von Kernbrücken unterscheiden. Beim breiteren Typ, der wesentlich häufiger vorkommt, finden wir in der Mitte eine Reihe perlschnurartig angeordneter Chromatingranula (Durchmesser ca. 175 Å), die auf beiden Seiten durch homogenes helles Material (Breite ca. 80 Å) von der inneren Kernmembran getrennt ist (Abb. 3d, e, h). Das homogene helle Material entspricht der hellen Zone bzw. „fibrous lamina" am Rande eines Kernsegments und geht am Ende einer Kernbrücke kontinuierlich in diese über. Beim schmaleren Typ ist der Zwischenraum vollständig von diesem Material der hellen Zone ausgefüllt (Abb. 3c, g).

Den angegebenen Werten liegen Messungen an 7 Kernbrücken (Vergr. 60000fach) zugrunde. Am besten erfaßbar sind Grenzen von Strukturen, die einen starken Dichteabfall zur Umgebung aufweisen. Das ist insbesondere der Fall an der Grenze der inneren Kern-

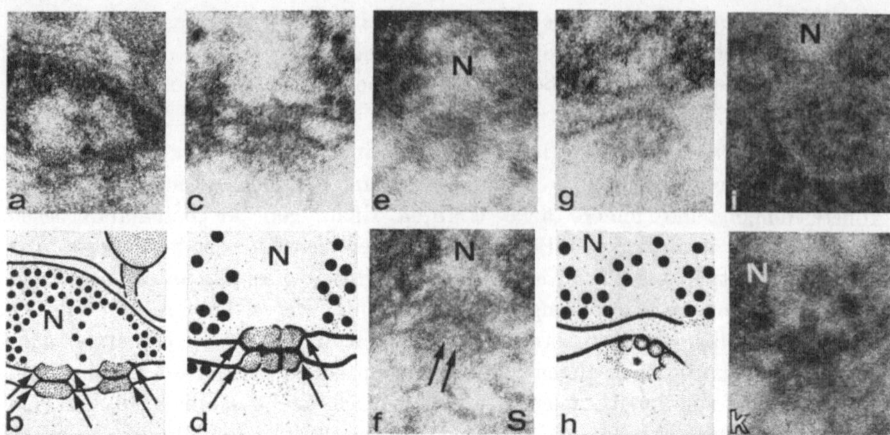

Abb. 5a—k. Kernporen. a Maus 10. Zwei senkrecht zur Kernmembran getroffene Kernporen; jede von ihnen besteht aus zwei übereinanderliegenden sechseckigen opaken Bereichen. An den Porenrändern zeigen die äußere wie die innere Kernmembran jeweils zwei auseinanderstrebende dichte Linien; hier ist der Durchmesser der Pore größer als auf der Höhe des Porendiaphragma. Die intranucleären Porenkanäle sind deutlich zu sehen. *U.* 60000:1. b Zeichnung von a; ↗ markiert die Ränder der Poren. c Maus 10. Der cytoplasmanahe opake Bereich der annähernd senkrecht zur Kernmembran getroffenen Pore ist durch zwei etwa 60 Å breite Linien in drei kleinere Bezirke unterteilt. *U.* 100000:1. d Zeichnung von c; Markierung der Porenränder (↗). e Maus 8. Auf der cytoplasmatischen Seite schräg getroffener Annulus mit Subannuli. *PbC-U.* 100000:1. f Maus 9. Am rechten Rand der schräg getroffenen Pore rundliche Profile von Subannuli, mindestens zwei Subannuli im Zentrum (↗). An die Pore schließt helles Sekret an. *U-PWS.* 100000:1. g Maus 9. Schrägschnitt durch den cytoplasmanahen Bereich einer Kernpore; die äußere Kernmembran steht mit den Subannuli in enger Verbindung. Im Zentrum eine rundliche Verdichtung. *U-Ba.* 100000:1. h Zeichnung von g. i Maus 8. Tangentialanschnitt des Kerns; die dicht gelagerten Annuli sind durch einen hellen Saum vom Chromatin getrennt. Rechts unterhalb der Bildmitte: großer Annulus mit Subannuli. Linker und oberer rechter Bildrand: tiefer im Chromatin getroffene Annuli mit kleineren Verdichtungen als Untereinheiten. *PbC-U.* 100000:1. k Maus 8. Längliches Gebilde, ins Zentrum der Pore reichend; darüber ein Perichromatingranulum. *PbC-U.* 100000:1

membran zum perinucleären Spalt, da dieser besonders hell ist, und (beim breiteren Typ) an der Grenze der Chromatingranula zur hellen Zone, da jene besonders dicht sind. Die Breiten B_1 und B_2 (Abb. 3g, h) sowie der Durchmesser der Chromatingranula sind also gut zu messen. Um die Breite der hellen Zone zu errechnen, müssen wir außerdem die Breite der inneren Kernmembran kennen. An dieser kann die Zahl der Meßwerte recht hoch gewählt werden, da sie bei beiden Arten von Kernbrücken in gleicher Weise jeweils doppelt vorhanden ist. Es hat sich ergeben, daß der indirekte Weg, die Breite der hellen Zone zu bestimmen, ihre direkte Messung an Genauigkeit übertrifft.

Die subcommissuralen Zellkerne besitzen zahlreiche *Kernporen,* die in Nähe der Nucleoli oft besonders dicht angeordnet sind. Gänzlich frei von Poren sind beide Arten von Kernbrücken. Auf Schnitten, die *senkrecht* zur Kernoberfläche geführt sind, stellt sich eine Pore folgendermaßen dar: An beiden Rändern der Pore zeigen die äußere wie die innere Kernmembran je zwei unter meist stumpfem Winkel auseinanderstrebende dichte Linien (Abb. 5a—d). Die einander zugewandten Linien der beiden Membranen vereinigen sich auf eine Strecke von 700—800 Å zu der in der Literatur häufig als „Porendiaphragma" bezeichneten

Struktur. Die kernnahe Linie der inneren Kernmembran und die cytoplasmanahe der äußeren verlaufen dazu (manchmal in der Mitte unterbrochen) in einem Abstand von ca. 300 Å parallel. Die so entstehenden zwei sechseckigen Figuren berühren sich am „Porendiaphragma". Innerhalb der Sechsecke findet sich mitteldichtes opakes Material. Dieses wird, besser sichtbar beim äußeren Sechseck, öfters durch zwei zarte Linien in drei kleine Bezirke unterteilt (Abb. 5c). Gegen das Kerninnere zieht von der Pore weg ein heller Streifen, der den Chromatinsaum durchquert und manchmal zwischen Nucleolus und benachbarter Heterochromatinansammlung in einer Länge bis ca. 650 mμ verläuft. Dieser „intranucleäre Porenkanal" (Watson, 1959) kennzeichnet schon auf Übersichtsbildern jene Stellen der Kernmembran, die bei höherer Vergrößerung Poren erkennen lassen. — Ist die Kernoberfläche im Schnitt *tangential* getroffen, so stellt sich die Pore als annähernd runder, ziemlich elektronendichter Ring („Annulus") dar (Abb. 5i). Sein innerer Durchmesser beträgt ca. 500 Å, der Außendurchmesser 1000—1100 Å. Bezüglich der Unterstruktur sehen wir unterschiedliche Bilder: Manche Annuli zeigen 8 Subannuli; deren circuläres Profil ist auch auf Schrägschnitten (Abb. 5e—h) gut zu erkennen. Bemerkenswert ist, daß der Durchmesser solcher Subannuli erheblich variiert, nämlich zwischen ca. 200 Å (Abb. 5f, g) und ca. 300 Å (Abb. 5e, i). Andere Annuli sind weniger deutlich unterteilt. Sie lassen nur kleine Verdichtungen erkennen, deren Zahl nicht bestimmt werden kann. Im Zentrum von Annuli sieht man meist ebenfalls entweder circuläre Profile (Abb. 5f) oder eine Verdichtung (Abb. 5g, i). (Einen Sonderbefund enthält Abb. 5k: Ein längliches Gebilde dringt ins Zentrum der Pore vor; darüber liegt ein Perichromatingranulum. Das Bild hat auffallende Ähnlichkeit mit der Abb. 24 von Stevens und Swift (1966), welche in Speicheldrüsenzellen von Chironomus den Transport elongierter RNS-Granula durch Kernporen ins Cytoplasma darstellt.)

β) Cytoplasma und Zelloberfläche

a) Das perinucleäre Cytoplasma. Das Cytoplasma der Kernumgebung ist reich an *hellem Sekret*, welches in Gestalt rundlicher, manchmal auch unregelmäßig geformter Ansammlungen von hellem, feinflockigem Material vorliegt. Unmittelbar am Kern zeigen die Schnittbilder die Sekretlokalisation in unterschiedlicher Weise: Oft füllt helles Sekret die perinucleäre Zisterne und wölbt die äußere Kernmembran weit gegen das Cytoplasma vor (Abb. 6a). In anderen Fällen ist die äußere Kernmembran beidseits einer oft nur mäßigen Vorbuchtung durch Kernporen mit der inneren Kernmembran verlötet (Abb. 6b). Weiterhin kommt es vor, daß eine Sekretblase, noch in Zusammenhang mit der äußeren Kernmembran, direkt an eine Kernpore angelagert ist, ohne daß sich eine trennende Membran zwischen Pore und Sekret erkennen läßt (Abb. 6c, d). Schließlich sieht man im Cytoplasma abgerundete Sekretsäckchen mit enger Beziehung zu einer sekreterfüllten perinucleären Zisterne, von der sie offenbar abgeschnürt wurden (Abb. 6b). Den verschiedenen Bildern liegt, wie wir annehmen, folgender Vorgang zugrunde (Abb. 6l): Das helle Sekret wird in der perinucleären Zisterne (bzw. in diese hinein, vgl. S. 52) gebildet und buchtet die äußere Kernmembran an porenfreien Stellen zunehmend vor; große Sekretblasen werden abgeschnürt und ins Cytoplasma entlassen. Eine pilzartig verbreiterte Sekretblase kann die

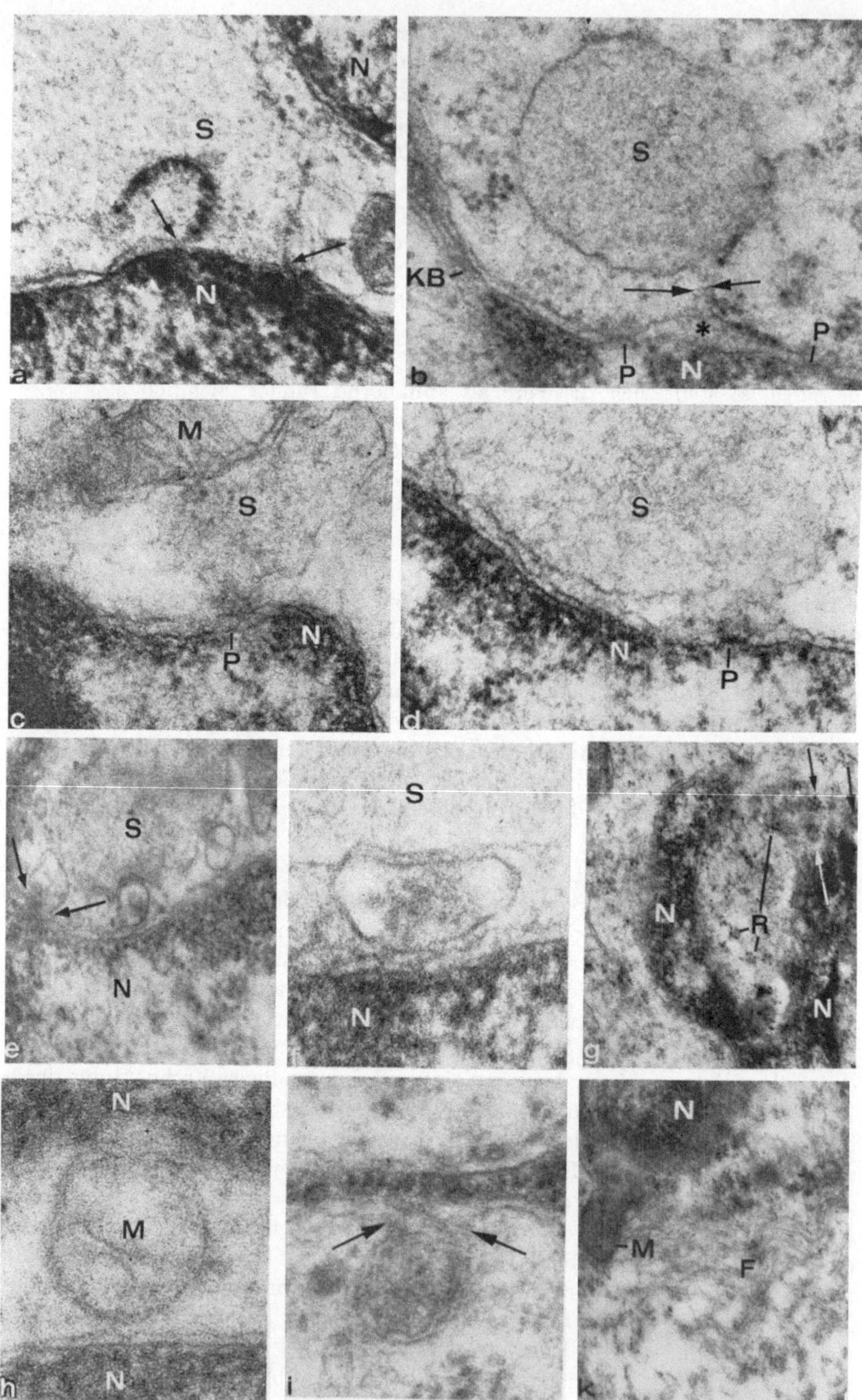

Abb. 6a—k

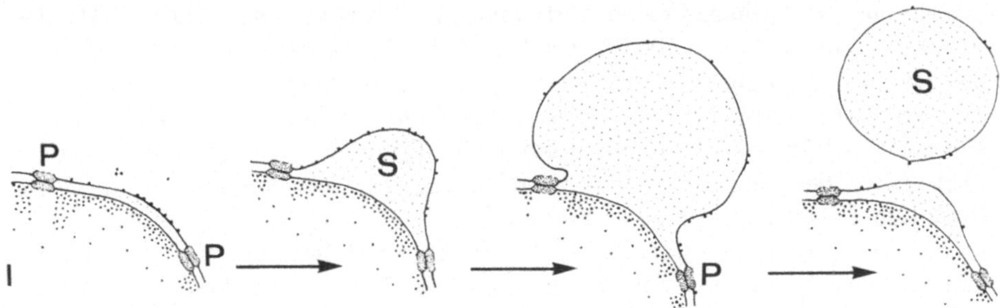

Abb. 6a—l. Strukturen in enger Beziehung zum Zellkern. a Maus 8. Bei ↗ hebt sich die äußere Kernmembran ab und umschließt eine große Masse von hellem Sekret, das die Kernbucht ausfüllt. *PbH*. 60000:1. b Maus 9. Mäßige Erweiterung des perinucleären Spalts (∗), von hellem Sekret erfüllt; zu beiden Seiten ist an Kernporen die äußere Kernmembran mit der inneren verlötet. Möglicherweise hat sich das Sekretsäckchen von der perinucleären Zisterne abgeschnürt (↗). *U-PWS*. 60000:1. c Maus 9. Helles Sekret liegt einer Kernpore unmittelbar an. *U-Ba*. 60000:1. d Maus 10. Wie c. *U*. 60000:1. e Maus 8. Dicht an der äußeren Kernmembran mehrere Vesikel mit zentral zusammengeballtem Inhalt; eine von ihnen schnürt sich offenbar von der äußeren Kernmembran ab (↗). *PbC-U*. 40000:1. f Maus 10. Bei höherer Vergrößerung stellt sich der Vesikelinhalt granulär dar; man beachte den engen Kontakt der Vesikel zur äußeren Kernmembran wie zum Sekretsäckchen. *U*. 100000:1. g Maus 8. In der Kernbucht sind die Ribosomen hauptsächlich in Rosetten (*R*) angeordnet; diese besitzen etwa den Durchmesser von Poren-Annuli und liegen z.T. genau auf solchen (↗). *PbC-U*. 24000:1. h Maus 6. Das Mitochondrion ist (besonders oben) dem Kern sehr eng angelagert. *U*. 80000:1. i Maus 8. Ein dichter Körper hängt an einer Kernbrücke. *PbC-U*. 80000:1. k Maus 4. Vom Kern weg zieht ein Bündel gewellter Filamente ins Cytoplasma. *PbH*. 25000:1. l Schemazeichnung für die Sekretbildung in der perinucleären Zisterne und die Abschnürung heller Sekretsäckchen. Etwa 30000:1

benachbarte Pore überdecken; bei bestimmter Schnittrichtung entsteht leicht der Eindruck, als „ströme" Sekret aus der Pore. — Die frei im perinucleären Cytoplasma gelegenen Sekretsäckchen besitzen einen Durchmesser zwischen 400 und über 1500 mμ. Ihre Membran weist, wie auch die äußere Kernmembran, einen unregelmäßigen Ribosomenbesatz auf; dieser verliert sich apikalwärts mehr und mehr. — Die ribosomentragenden Abschnitte der äußeren Kernmembran und die Hüllen der kernnahen Sekretsäckchen bilden die Gesamtheit des rauhen *endoplasmatischen Reticulum;* enggestellte Zisternen, wie sie im Cytoplasma anderer Zellen auftreten, sind kaum vorhanden. Teils diffus verstreut, teils in rosettenartiger, sehr selten auch spiraliger, Anordnung liegen viele *Ribosomen* bzw. Polysomen frei im Cytoplasma. Manchmal sind Rosetten von Ribosomen direkt auf dem Annulus einer Kernpore zu sehen (Abb. 6g). Dicht an der äußeren Kernmembran und zwischen den perinucleären Sekretsäckchen finden sich häufig 100—350 mμ große *Vesikel* (Abb. 6e, f). Ihr granulärer Inhalt ist zentral zusammengeballt und durch einen hellen Hof von der ribosomenfreien Membran getrennt. Wir nehmen an, daß sich die Vesikel von glatten Stellen der äußeren Kernmembran abschnüren, wenngleich dem perinucleären Spalt ein vergleichbarer Inhalt fehlt. — Weiterhin beobachtet man zahlreiche *Mitochondrien* vom Cristatyp. Bei etlichen fällt ein enger Kontakt zur äußeren Kernmembran (Abb. 6h) und zu Kernporen auf. *Dichte Körper*, in der Gestalt den Mitochondrien ähnlich,

jedoch ohne erkennbare Cristae, trifft man gleichfalls in unmittelbarer Nähe der
Kernmembran an (Abb. 6i). Sie gleichen den von Barlow et al. (1967) im SCO
des Schafs gefundenen „dense bodies", die saure Phosphatase enthalten. —
Von der Kernoberfläche ziehen viele zarte *Filamente* ins Cytoplasma und ver-
einen sich in Nähe der Kernpole zu unterschiedlich dicken, oft gewellten Bündeln
(Abb. 6k). Diese erstrecken sich in Richtung der Zellachse ins supranucleäre
Cytoplasma bzw. in den basalen Fortsatz.

 b) Das supranucleäre Cytoplasma. Direkt über dem Kern nimmt das Filamentbündel den achsennahen Zellbereich ein (Abb. 7a). An der Seite liegen dicht
gedrängt Sekretsäckchen und Organellen. Ein Teil der *hellen Sekretsäckchen* ver-
ringert seine Größe durch Teilung, die meisten gelangen jedoch unverändert
zum apikal des Filamentbündels gelegenen Golgi-Apparat. Dort, etwa in halber
Höhe der Zelle, verkleinern sich die Sekretsäckchen erheblich. Man sieht ab und
zu den allmählichen Übergang eines Sekretsäckchens in einen Mikrotubulus
(Abb. 7g). — Der *Golgi-Apparat* ist oft sehr ausgedehnt und in mehrere Abschnitte gegliedert. Jeder Abschnitt besitzt einige etwa 2 μ lange, eng überein-
andergeschichtete Lacunen, die, in Anpassung an die Zellform, auf Querschnitten
gebogen verlaufen. Deutlich ist am Golgi-Apparat eine konstante Orientierung
seiner Komponenten zu erkennen (Abb. 7b): Seiner (konvexen) Außenseite liegen
helle Sekretsäckchen mit meist ribosomenfreier Hülle an. Die ihnen zugewandte
äußere Lacune ist häufig erweitert und elektronenoptisch leer. Die folgenden
Lacunen zeigen zunehmend dichteren Inhalt. An der (konkaven) Innenseite sehen
wir eine Anhäufung kleinster Bläschen (Durchmesser ca. 50 mμ) mit mitteldichtem
Inhalt, die von den Enden der Lacunen abgeschnürt werden. Ein Teil von ihnen
vereinigt sich zu größeren dichteren Bläschen (Durchmesser bis 100 mμ). Schließlich finden sich in der Nähe des Golgi-Apparats unterschiedlich große Granula
(250—400 mμ), die wir als *dichte Sekretgranula* bezeichnen. — Einige mittelgroße
Bläschen mit ziemlich hellem Inhalt besitzen einen auffallend dicken, ausgefran-
sten Rand (Abb. 7c, d). Diese *„coated vesicles"* bzw. „densely rimmed vesicles"
(Brightman und Palay, 1963) werden von manchen Autoren als Lysosomen aufgefaßt (z.B. Holtzman et al., 1967), von anderen mit der Aufnahme und dem
Transport makromolekularer Substanzen in Verbindung gebracht (Reith, 1967;
Nickel et al., 1967). In der Umgebung des Golgi-Apparats finden sich *multivesiculäre Körper* in verschiedenen Stadien (Abb. 7c). Bei manchen umschließt
die sehr dichte Hüllmembran nur wenige Vesikel, ist aber von vielen weiteren
umgeben. Andere sind dicht mit Vesikeln angefüllt, während außen nur noch
einzelne angelagert sind. Endlich stößt man auf dunkle granulierte Körper, die
nur mit Mühe Vesikel erkennen lassen. Etliche Zellen enthalten in größerer Anzahl *lysosomale „residual bodies"* (Gordon et al., 1965). Man sieht solche mit
lamellärer Innenstruktur und andere, bei denen dem membranbegrenzten Lipid-
tröpfchen ein lamellierter Proteinkörper kappenartig aufsitzt (Abb. 7e). — Einige
der langen, bisweilen gegabelten *Mitochondrien* zeigen an umschriebener Stelle,
oft in unmittelbarer Nähe von Sekretsäckchen, eine helle Auftreibung, in der
ein kleines rundliches Membranprofil, vermutlich Teil einer veränderten Crista,
zu beobachten ist (Abb. 7f). Ähnliche Auftreibungen an Mitochondrien werden
auch in den Subcommissuralzellen des Meerschweinchens (Papacharalampous
et al., 1968) und in anderen stark stoffwechselaktiven Zellen, z.B. den Oocyten

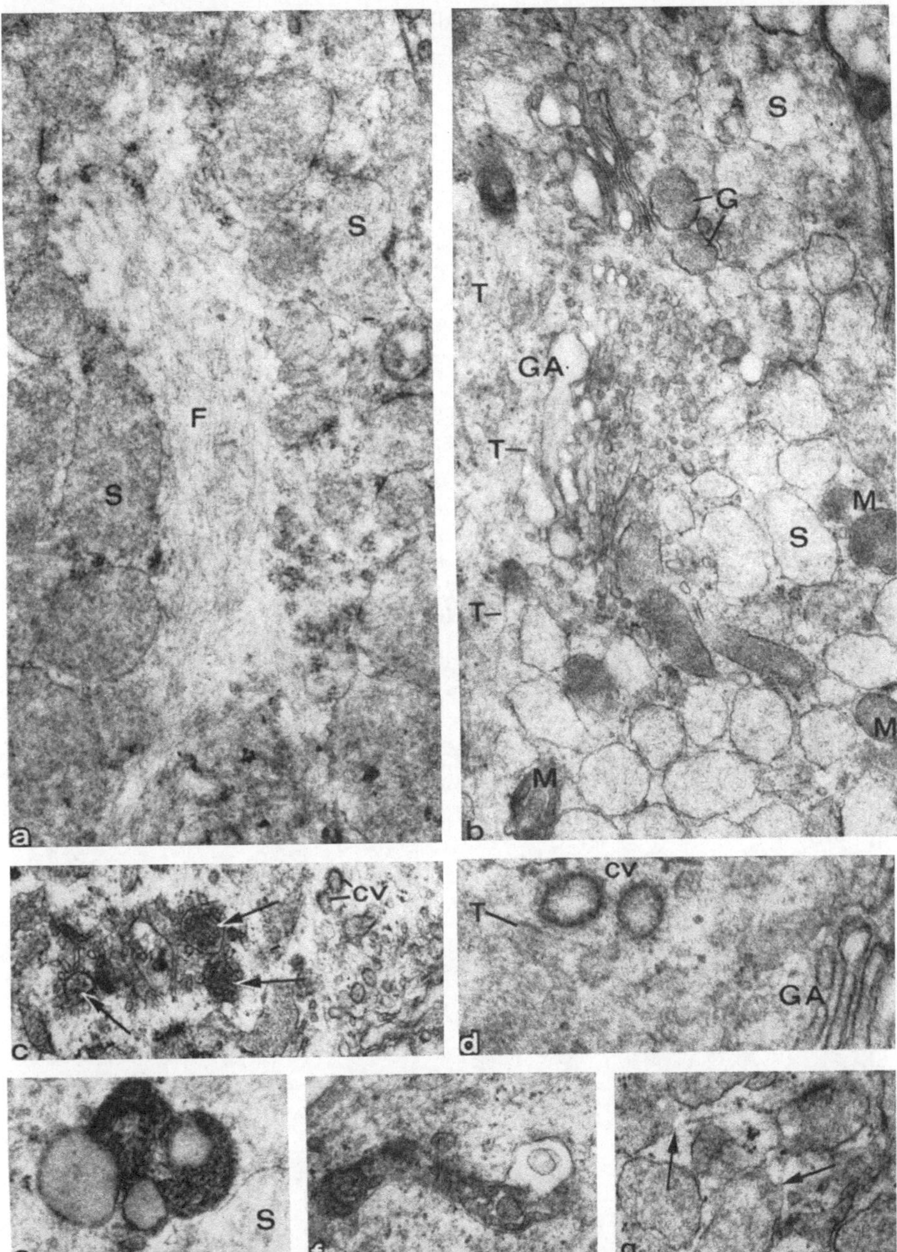

Abb. 7a—g. Supranucleäres Cytoplasma. a Maus 9. Das Filamentbündel ist von zahlreichen hellen Sekretsäckchen umgeben. *U-Ba.* 24000:1. b Maus 8. Im Golgi-Bereich viele kleinste Bläschen mit mitteldichtem Inhalt sowie größere Bläschen und dichte Sekretgranula. In der Nähe mehrere Mitochondrien. Mikrotubuli erstrecken sich apikalwärts. *PbH.* 24000:1. c Maus 8. Neben dem Golgi-Apparat finden sich multivesiculäre Körper (↗) in verschiedenen Stadien; *cv* coated vesicles. *PbH.* 24000:1. d Maus 8. Coated vesicles und Mikrotubuli im Golgi-Bereich. *PbC-U.* 60000:1. e Maus 9. Lysosomaler residual body, umgeben von hellen Sekretsäckchen. *U-Ba.* 24000:1. f Maus 8. Die umschriebene Auftreibung des Mitochondrion enthält einen Membranring. *PbC-U.* 24000:1. g Maus 8. Von hellen Sekretsäckchen gehen Mikrotubuli aus (↗). *PbH.* 24000:1

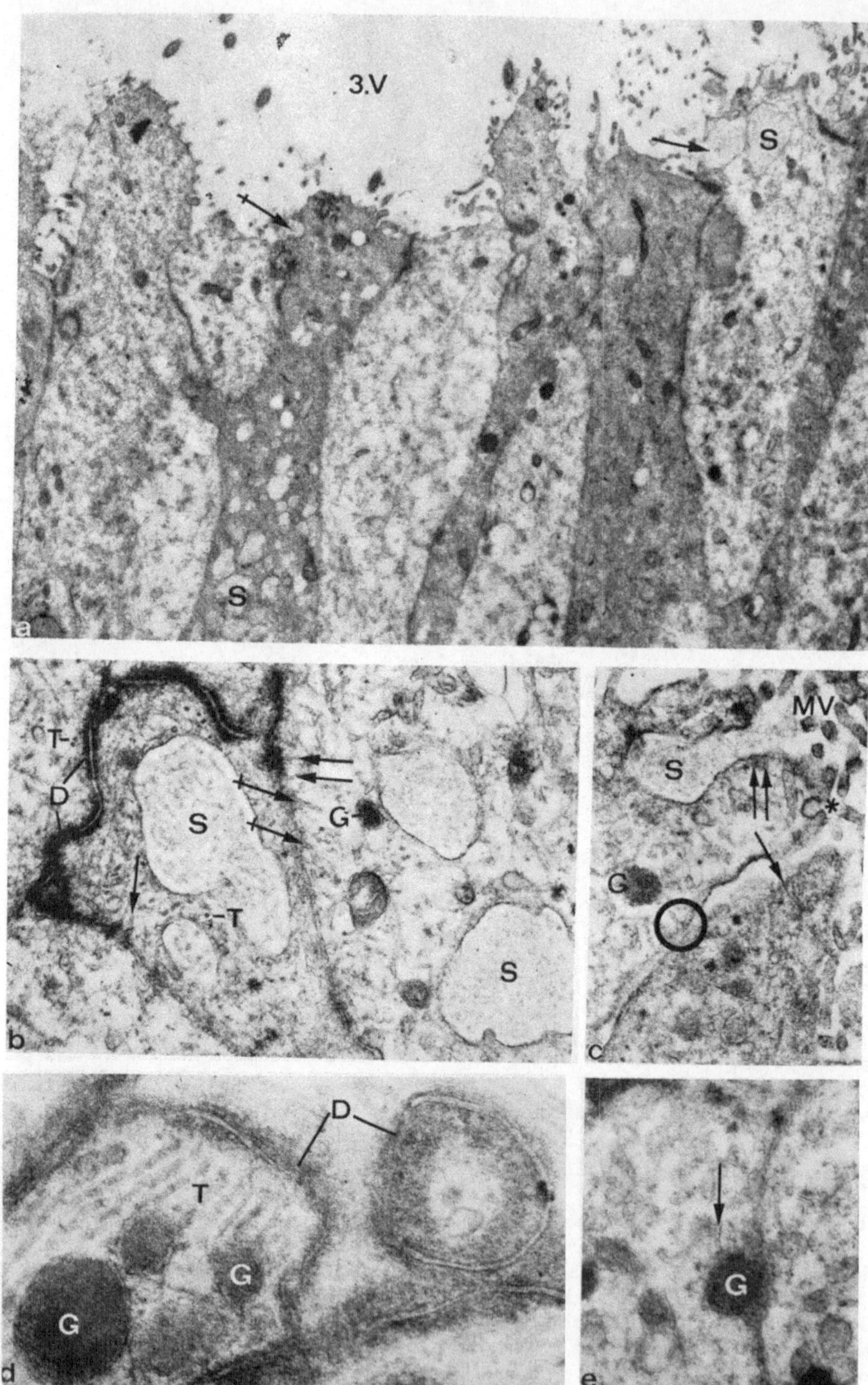

Abb. 8a—e

der Maus (Yamada et al., 1957) und den Spermatocyten der Ratte (André, 1962) gefunden.

c) Das apikale Cytoplasma. Hier kommen die beiden Sekretformen nebeneinander vor: kleine, unregelmäßig begrenzte *helle Sekretsäckchen* und rundliche *dichte Sekretgranula.* Die hellen Sekretsäckchen, deren Membran vereinzelt wieder Ribosomen aufweist, fließen nahe der Zelloberfläche häufig zu größeren Arealen zusammen (Abb. 8a, b). Die Membran solcher Sekretansammlungen vereinigt sich dann mit dem apikalen Plasmalemm, reißt auf und gibt den Inhalt in den Liquorraum frei (Abb. 8a, c). Vereinzelt trifft man auf dem Schnitt ein helles Sekretareal (ohne Verbindung zum Ventrikel), von dessen Membran Mikrovilli und 1—2 Cilien ins Innere ragen. Die dichten Sekretgranula buchten zunächst die apikale Zellmembran stärker gegen den Liquorraum vor (Abb. 9a); nach Reißen des Plasmalemm werden sie in toto oder als zusammenhängender dicker Faden ausgestoßen. Auch das dichte Sekret konfluiert ausnahmsweise zu größeren Ansammlungen. Ungewöhnlich ist der Befund, daß dichtes Sekret im ausgebuchteten Intercellularspalt liegt (Abb. 8e). — Für das apikale Cytoplasma ist das gehäufte Vorkommen von *Mikrotubuli* kennzeichnend. Sie beginnen meist auf der Höhe des Golgi-Apparats und verlaufen zunächst parallel zur Zellachse. Im Bereich von Desmosomen biegen sie in großer Zahl auf diese zu und scheinen sich an ihnen festzuheften (Abb. 8b, d). Ebenso laufen viele Mikrotubuli auf desmosomenfreie Abschnitte des lateralen Plasmalemm (Abb. 8b, e; bei e auf das vom intercellulär gelegenen Sekret vorgewölbte), wie auch auf das apikale Plasmalemm zu (Abb. 8c). Es scheint, daß sich die Mikrotubuli mit einer trichterförmigen Erweiterung (Abb. 8c) in den Intercellularspalt bzw. in den Liquorraum öffnen. Dies ist allerdings schwer zu demonstrieren, da sie offenbar nicht senkrecht, sondern schräg in das Plasmalemm einmünden. Besonders in der Nähe von dichten Sekretgranula, aber auch von Mitochondrien sind Mikrotubuli dicht gruppiert und zeigen gelegentlich Verbindungen zu diesen (Abb. 8d). In Ciliennähe treten Mikrotubuli häufig in Büscheln auf, die zur Cilienwurzel konvergieren (Abb. 9d, e). Die Mikrotubuli besitzen gewöhnlich einen kreisrunden Querschnitt mit einem Durchmesser von ca. 200 Å; ihr Inneres stellt sich etwas dichter als das sie umgebende Cytoplasma dar (Abb. 8b). Ganz selten hat die Mikrotubulimembran zwei seitliche Ausläufer (Abb. 9i), ähnlich den „Armen", die wir sonst nur bei Cilientubuli sehen. Häufig finden sich Mikrotubuli in Gruppen angeordnet (Abb. 9f, g). Auf Abb. 9g liegen fünf Tubuli in einem

Abb. 8a—e. Apikaler Zellbereich. a Maus 4. Zellen sehr unterschiedlicher Dichte; einige Apices buchten sich in den Ventrikel vor. Eine helle Sekretzisterne entläßt ihren Inhalt in den Liquorraum (↗); desgleichen entleert sich eine Vacuole einer dunklen Zelle (↗). *U.* 7500:1. b Maus 10. Helle Sekretareale und dichte Sekretgranula im apikalen Cytoplasma. Einige der zahlreichen Mikrotubuli laufen zu den Desmosomen (↗), andere öffnen sich mit einer kleinen Erweiterung am Plasmalemm in den Intercellularraum (↗). *U.* 24000:1. c Maus 10. Helles Sekret ist in den Ventrikel gelangt. Mikrotubuli münden am apikalen (↗) und lateralen (○) Plasmalemm. Bei * eine Einsenkung des apikalen Plasmalemm (Mikropinocytose?). Die Mikrovilli zeigen filamentäre Innenstruktur. *U.* 24000:1. d Maus 10. Auffallend viele Mikrotubuli zwischen dichten Sekretgranula und Desmosomen. *U.* 50000:1. e Maus 7. Dichtes Sekret in einer Ausbuchtung des Intercellularspalts; erweiterte Mikrotubuli (↗) stehen in Verbindung mit dem vorgewölbten Plasmalemm. *U.* 24000:1

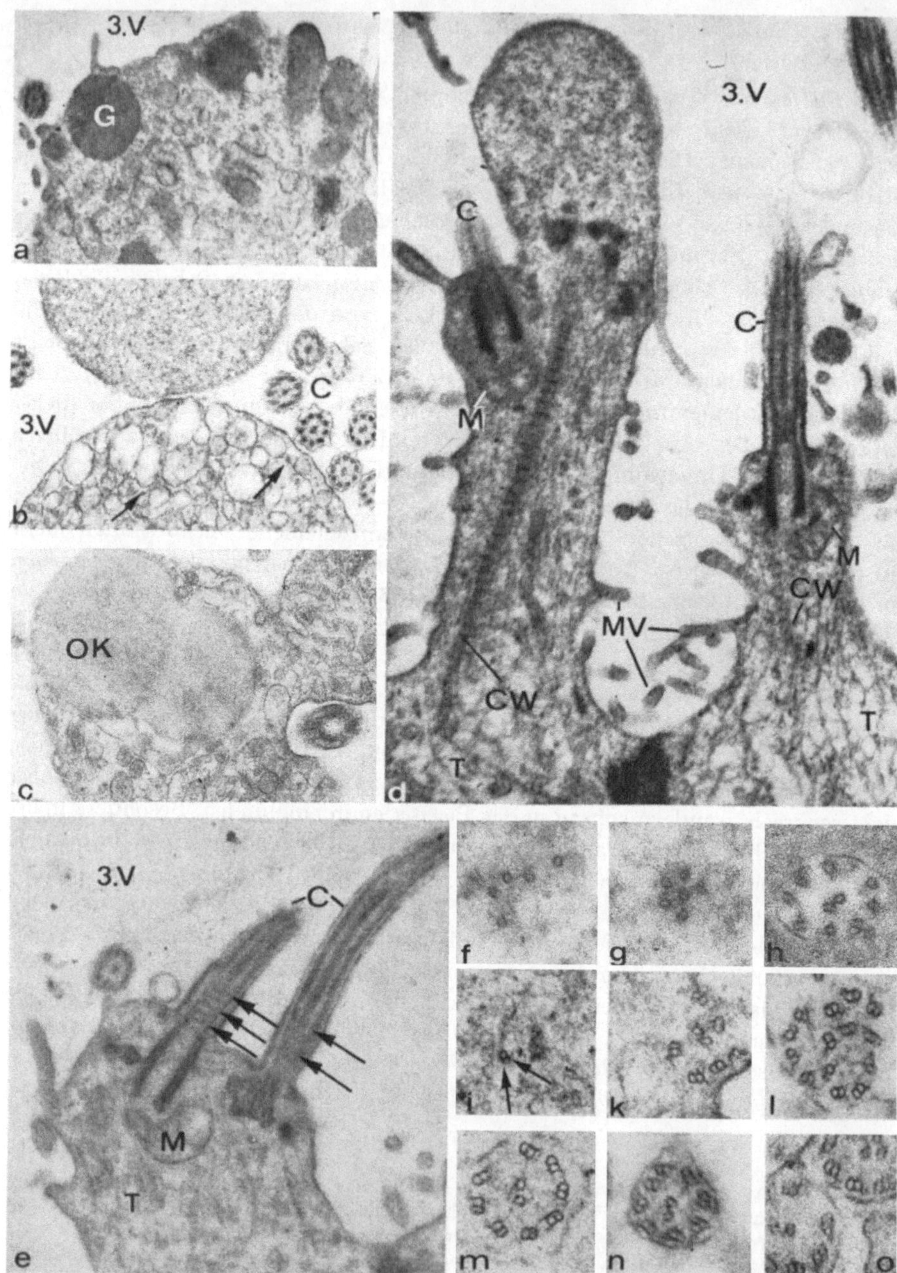

Abb. 9a—o. Apikale Protrusionen; Cilien. a Maus 10. Im vorgewölbten apikalen Cytoplasma
dichte Sekretgranula unterschiedlicher Größe; rechts oben ist ein elongiertes Granulum ins
Lumen vorgeschoben. *U.* 16000:1. b Maus 10. Abgeschnürte Protrusionen (homogen-granulär
bzw. vesiculär) frei im Ventrikellumen; kleinere und kleinste Bläschen enthalten eine
mitteldichte Substanz. ↗ Mikrotubuli. *U.* 24000:1. c Maus 10. Inmitten der von verschieden
dichtem Material erfüllten Bläschen einer vesiculären Protrusion zwei große opake Körper
(*OK*). *U.* 24000:1. d Maus 10. Der apikale Pol beider Zellen ragt weit in den Ventrikel. An der

offenen Ring um einen zentralen Tubulus. Das Bild erinnert an einen Schnitt durch eine Cilienspitze (Abb. 9h). Sehr cilienähnlich ist auch die Anordnung der Tubuli von Abb. 9k: im Cytoplasma nahe dem apikalen Plasmalemm umgeben einige Doppeltubuli in unregelmäßiger Anordnung zwei einzelne Tubuli. — Der apikale Cytoplasmabereich vieler Zellen ist weit (bis zu 4 µ) in den Liquorraum vorgebuchtet. Die meisten dieser Vorbuchtungen enthalten normales Cytoplasma (Abb. 8a, 9e), in dem sich Sekret beider Formen, Mikrotubuli und lange, manchmal gegabelte Mitochondrien finden. Bestimmte *Protrusionen* zeigen ein abgewandeltes Bild des Cytoplasma, das sich vom normalen scharf abgrenzt. Es ist entweder homogen-granulär (Abb. 9d) oder vesiculär (Abb. 9c) verändert. Im letzteren Falle sieht man zahlreiche Bläschen (Durchmesser 50—350 mµ); die kleineren enthalten mitteldichtes Material. Dazwischen liegen häufig bis zu 1,5 µ große opake Kugeln (Abb. 9c) sowie einige Mikrotubuli, deren Enden eine Verbindung zu den kleinen Bläschen zeigen. Beide Arten von Protrusionen werden offenbar in den Ventrikel abgeschnürt, da wir in diesem, zuweilen von der Oberfläche weit entfernt, runde Areale entsprechenden Aussehens antreffen (Abb. 9b). Die homogen-granulären Areale verlieren stellenweise ihre Membran; dort tritt ihr Inhalt in den Liquor über. In den vesiculären Arealen werden die Bläschen größer und zunehmend heller, so daß schließlich völlig leere, teilweise zerrissene Membranringe zurückbleiben. Außer der Abschnürung ganzer bläschenerfüllter Apices besteht anscheinend auch die Möglichkeit, daß das Plasmalemm über der vesiculären Protrusion platzt und die Bläschen einzeln in den Ventrikelraum gelangen.

d) Die Zelloberfläche. Die *freie* Zelloberfläche weist einen unregelmäßigen Besatz mit *Mikrovilli* auf. Am apikalen Rand von Protrusionen fehlt er meist (Abb. 9d). Die Mikrovilli sind bis zu 1,6 µ lang und 60—80 mµ breit. Sie zeigen bei der Maus wesentlich seltener Verzweigungen als bei anderen Species (vgl. Isomäki et al., 1965; Murakami und Tanizaki, 1966) und besitzen eine filamentäre Innenstruktur (Abb. 8c). Im Längsschnitt bilden sich oft zwei parallele Linien im Abstand von ca. 17 mµ ab, während man auf Querschnitten 6—7 Punkte im Kreis um einen zentralen Punkt angeordnet findet; dieser kann auch fehlen. Das apikale Plasmalemm hat an der Basis der Mikrovilli und auch an sonst glatten Strecken manchmal kleine, etwas verdickte Einbuchtungen (vgl. Lin und Chen, 1969), die an Vorgänge der *Mikropinocytose* denken lassen (Abb. 8c). Entsprechende Vesikel (Durchmesser 100—170 mµ) findet man dicht unter der

linken Zelle ist das Cytoplasma im obersten Bereich homogen-granulär verändert. *CW* Cilienwurzeln. Am Basalkörper beider Cilien je ein Mitochondrion. *U*. 24000:1. e Maus 6. An beiden Cilien apikal vom Basalkörper 5—6 äquidistante Stege (↗). Im basalen Teil der Cilienmembran Plasmalemmverdickung. *U*. 24000:1. f und g Maus 7. Gruppen von Mikrotubuli im Cytoplasma. *U*. 60000:1. h Maus 5. Cilienspitze: die Cilientubuli gleichen in Aussehen und Durchmesser den Mikrotubuli von Abb. f, g. *U*. 60000:1. i Maus 9. Einzelner Mikrotubulus mit zwei „Armen" (↗). *U-Ba*. 60000:1. k Maus 10. Im Cytoplasma gelegene Mikrotubuli sind z.T. paarweise angeordnet wie Cilientubuli. *U*. 60000:1. l Maus 9. Atypische Cilie vom Muster 6+9+0. *U-Ba*. 60000:1. m Maus 9. Atypische Cilie vom Muster 8+2 mit Lücke im Ring der peripheren Doppeltubuli. *U-PWS*. 60000:1. n Maus 7. Atypische Cilie vom Muster 8+2 ohne Lücke im Ring der peripheren Doppeltubuli. *U*. 60000:1. o Maus 9. Atypische Cilien vom Muster 7+2 mit Lücke im Ring der Doppeltubuli (links unten) und 9+3 mit einem zusätzlichen zentralen Tubulus (rechts oben). *U-PWS*. 60000:1

Zelloberfläche im Cytoplasma, jedoch nicht weiter basalwärts. — Auf unseren Schnittbildern zeigen Ependymzellen häufig eine (Abb. 9d), seltener zwei (Abb. 9e) *Cilien*. Manchmal ist die Verankerung einer Cilie durch eine schräg verlaufende, bis zu 3 μ lange Cilienwurzel zu sehen; die Periode ihrer Querstreifung beträgt ca. 60 mμ. Nahezu jedem Basalkörper der Cilien ist ein Mitochondrion so dicht angelagert, daß es um dessen Rand gebogen ist (Abb. 9d, e). Stets ist das Plasmalemm deutlich an der Stelle verdickt, an der sich die Cilie aus dem Cytoplasma erhebt. Zwischen Basalkörper und Cilienschaft erkennt man hin und wieder mehrere (5—6) äquidistante Querbänder (Abb. 9e). Im Querschnitt zeigen die meisten Cilien das typische „9 + 2‘‘-Muster (Abb. 9b). Wir finden jedoch auch eine ganze Anzahl atypischer Cilienformen.

Bei den nachfolgend aufgeführten Kombinationen (Benennung nach Afzelius, 1963) sind Cilien mit verletzten Strukturen sowie Schnitte durch die Cilienspitze außer Betracht gelassen:

7 + 2 mit 2 Lücken		1	(Abb. 9o)
8 + 2 mit 1 Lücke		3	(Abb. 9m)
8 + 2 ohne Lücke	im Ring der Doppeltubuli	2	(Abb. 9n)
8 + 4 mit 1 Lücke		2*	
8 + 4 ohne Lücke		1*	
9 + 2 mit einem nach innen gerückten Doppeltubulus		1	
9 + 2 mit einem nach außen gerückten Doppeltubulus		1	
9 + 3 mit einem zusätzlichen zentralen Tubulus		1	(Abb. 9o)
5 + 9 + 0 mit mehreren zusätzlichen Doppeltubuli, ungeordnet		1*	(Abb. 9l)
7 + 2 + 9 + 2 in einer Hüllmembran		1	
9 + 2 + 9 + 2 in einer Hüllmembran, dabei ein Doppeltubulus nach außen gerückt		1	
3 + 9 + 2 + 9 + 2 in einer Hüllmembran		1	

Bei Cilienmißbildungen im SCO der Ratte fanden Stanka et al. (1964) die Störung jeweils auf einer Seite der (mit einer Hilfslinie durch die beiden zentralen Tubuli halbierten) Cilie. Das ist für die mit * gekennzeichneten Mißbildungen unserer Aufstellung nicht der Fall.

Die *lateralen* Zellgrenzen benachbarter Zellen sind im apikalen Bereich stark verzahnt und durch Desmosomen miteinander verbunden, von deren Ebene sich Zellapices und Protrusionen erheben. Auffallenderweise findet man fast nur Zonulae adhaerentes und so gut wie nie eine Zonula occludens. Basalwärts verlaufen die Zellgrenzen über weite Strecken glatt. Abschnitte, in denen die benachbarten Plasmalemmata — häufig unter geringer Verdickung — streng parallel nebeneinander liegen, wechseln ab mit unterschiedlich langen intercellulären Spalträumen (Abb. 10b); wir können nicht entscheiden, ob diese durch Einwirkung der Fixierung entstanden sind, meinen aber, daß von vornherein eine labilere Zellverbindung an diesen Stellen vorhanden war. Im Bereich der basalen Fortsätze (und allgemein im Hypendym) zeigen die Zellen öfters kleine Auswüchse, die sie mit ihren Nachbarn druckknopfartig verbinden (Abb. 10d).

e) Die basalen Zellfortsätze. Kurz unterhalb des Kerns verjüngen sich die Zellpole zu schmalen, stets unverzweigten basalen Fortsätzen. Sie verlaufen oft weit in der Hypendymzone, dringen jedoch (soweit an Einzelschnitten feststellbar) niemals nennenswert in die Commissur ein. Ihr Cytoplasma weist verschiedene Erscheinungsformen auf: Manchmal ist ein langer Fortsatz nahezu ganz vom infranucleären Filamentbündel und einigen langen Mitochondrien ausgefüllt (Abb. 10a). In anderen, häufig kurzen, breiten Fortsätzen liegen Areale hellen

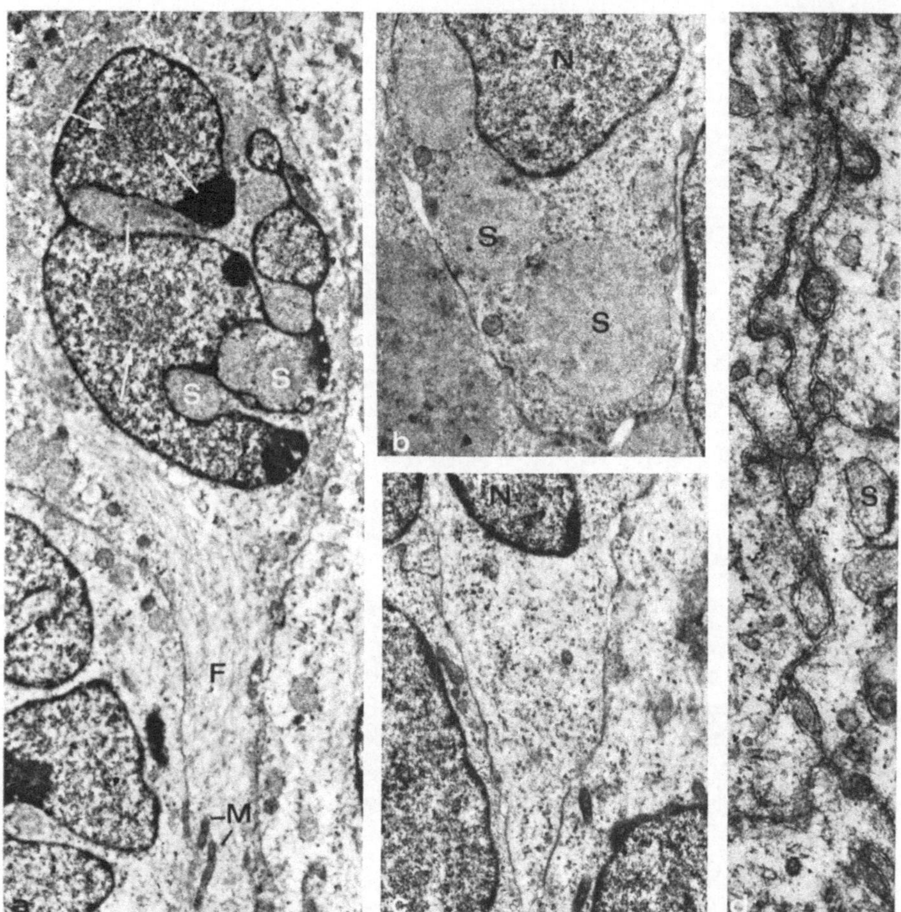

Abb. 10a—d. Basale Fortsätze. a Maus 4. Zwischen den Kernsegmenten viele helle Sekretsäckchen. Der basale Fortsatz ist dagegen sekretfrei; er enthält ein Filamentbündel und lange Mitochondrien. Im Kerninneren umschriebene dicht granulierte Bezirke (Pfeile). *U*. 7000:1. b Maus 10. Basaler Fortsatz mit großen Ansammlungen von hellem Sekret. *U*. 8000:1. c Maus 8. Ribosomenreicher basaler Fortsatz. *PbH*. 8000:1. d Maus 8. Verzahnungen benachbarter Plasmalemmata im Hypendymbereich. *PbH*. 24000:1

Sekrets, deren Größe die der peri- und supranucleären Sekretsäckchen um ein Vielfaches übertrifft (Abb. 10b). Schließlich gibt es Fortsätze, deren Cytoplasma eine große Menge von einzelnen oder in Rosettenform angeordneten Ribosomen enthält (Abb. 10c). Meist besitzt eine sekretreiche Zelle auch einen sekrethaltigen basalen Fortsatz, doch gilt dies, wie die Abb. 10a zeigt, nicht immer.

γ) Die Varianten des ependymalen Zelltyps

Wie bereits angedeutet, unterscheiden sich die einzelnen Subcommissuralzellen in ihrer Dichte erheblich (Abb. 2, 3a, 8a). Der beschriebene *Prototyp* steht etwa in der Mitte einer Reihe, die von auffallend hellen bis zu sehr dunklen Zellen reicht. Es kommen sämtliche Abstufungen und Übergangsformen vor. Nachstehend werden die beiden Extremformen skizziert.

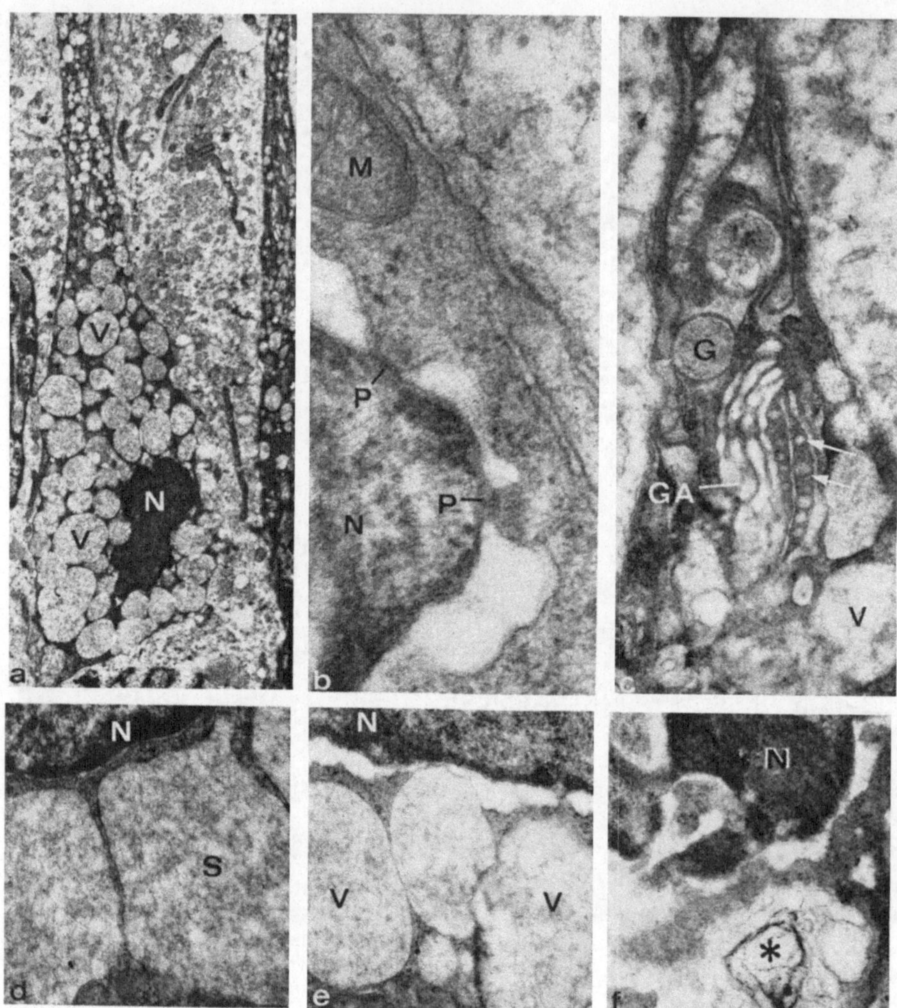

Abb. 11a—f. Vacuolen-Zellen. a Maus 7. Pyknotisch veränderter Zellkern; die Sekretvacuolen heben sich vom sehr dichten Cytoplasma hell ab. *U.* 4000:1. b Maus 8. Der perinucleäre Spalt ist stark erweitert und elektronenoptisch leer. Die Kernporen sind erhalten. *PbC-U.* 60000:1. c Maus 7. Im Golgi-Bereich kleine helle Bläschen (↗) und ein dichtes Sekretgranulum. *U.* 24000:1. d Maus 11. Übergangsform zwischen Prototyp und Vacuolen-Zelle; der Zellkern ist nur wenig verändert, das Cytoplasma dagegen bereits wesentlich dichter als das helle Sekret. *U.* 20000:1. e Maus 7. Typische Vacuolen-Zelle; das Chromatin ist homogen dicht, der perinucleäre Spalt erweitert. Die Sekretsäckchen sind ebenfalls geschwollen; sie erscheinen im verdichteten Cytoplasma als Sekretvacuolen. *U.* 20000:1. f Maus 7. Zugrundegehende Zelle; Sekretvacuolen sind nicht mehr zu erkennen. ∗ Myelinfigur. *U.* 20000:1

Die *hellen Zellen* haben gleichfalls einen gebuchteten oder segmentierten Kern. Da ihm größere Heterochromatinansammlungen und auffällige Nucleoli fehlen, wirkt er heller als der des geschilderten Prototyps. Die einzelnen Kernsegmente sind regelmäßiger geformt und wirken prall gefüllt. Das wasserhelle Grundplasma enthält nur wenige Organellen, lediglich in den Kernbuchten drängen sich einige Gruppen von Mitochondrien. Perinucleär finden sich vereinzelte helle Sekretsäckchen, deren Dichte indessen — wie beim Prototyp — die des Cytoplasma übertrifft. Der Golgi-Apparat schnürt wenige kleinste Bläschen mit mitteldichtem Inhalt ab. Dichte Sekretgranula sind nicht vorhanden. — Ganz selten werden im Ependym (und Hypendym) Zellkerne von hellem, durch ungleichmäßige Chromatinverteilung aber kontrastreicherem Aussehen beobachtet (Abb. 12a); sie entsprechen den von Isomäki et al. (1965) beschriebenen „B type nuclei".

Der Zellkern der *dunklen Zellen* (Abb. 11a) ist meist etwas kleiner als der des Prototyps und bemerkenswert eckig konturiert. Seine Form ist offenbar durch benachbarte Cytoplasmastrukturen, insbesondere Sekretsäckchen, beeinflußt. Das Chromatin ist stark verdichtet. Der anscheinend pyknotisch veränderte Zellkern ist häufig von einem breiten, elektronenoptisch leeren perinucleären Spalt umgeben; die beiden Kernmembranen nähern sich einander dann nur im Bereich der gut erkennbaren Kernporen (Abb. 11b). Von dem gleichfalls sehr dichten Cytoplasma heben sich geschwollene Sekretsäckchen mit oft nur geringem feinflockigem Inhalt hell ab. Diese Sekretvacuolen sind supranucleär besonders zahlreich und treiben die Zelle bis zur Höhe des Golgi-Apparats bauchig auf, wobei größere Vacuolen zusätzliche Ausbuchtungen des Plasmalemm verursachen. Ribosomen, Filamente und — im apikalen Bereich — Mikrotubuli sind eng gelagert und schwer abzugrenzen. Mitochondrien sind meist gut erhalten (Abb. 11b). Der stark erweiterte Golgi-Apparat (Abb. 11c) bildet auch hier Bläschen und dichte Sekretgranula, welch letztere im dunklen Cytoplasma dieser „Vacuolen-Zellen" (Papacharalampous et al., 1968) allerdings schwer zu erkennen sind. Mit der verringerten Anzahl und Größe der Sekretvacuolen nimmt der Zellumfang apikalwärts ab; erst in Nähe der Oberfläche bedingen größere Sekretareale eine abermalige Verbreiterung der Zelle. Der Inhalt der Sekretvacuolen wird auf die bei den hellen Sekretsäckchen beschriebene Weise freigesetzt. — Auf Übersichten erscheinen Zellen dann als Vacuolen-Zellen, wenn ihr Cytoplasma deutlich dunkler ist als die Sekretsäckchen; Übergangsformen zum Prototyp unterscheiden sich von ihm durch diese Dichteverschiebung und besitzen die übrigen geschilderten Kennzeichen in nur geringer Ausprägung (Abb. 11d). Während Abb. 11e einen vergleichbaren Ausschnitt der typischen Vacuolen-Zelle zeigt, sieht man auf Abb. 11f einen ähnlichen bei einer offenbar zugrunde gehenden Zelle: das verdichtete Chromatin wirkt homogener, Kernmembranen sind nicht mehr erkennbar, die Sekretvacuolen sind geplatzt, Organellen sind zerstört, Myelinfiguren tauchen auf. — Es liegt nahe, in der aufgestellten Reihe die Stadien entweder einer cyclischen sekretorischen Aktivität oder eines Alterungsprozesses der Zellen zu sehen (s. S. 57). Eine Abhängigkeit zwischen der Menge an Vacuolen-Zellen und dem Alter oder Geschlecht der Tiere ist bei unserem Untersuchungsgut nicht vorhanden.

b) Das Hypendym

Das Hypendym besteht aus einem Geflecht basaler Ependymzellfortsätze, sekretorischen Hypendymzellen, wenigen Oligodendrocyten, Astrocyten und Mikrogliazellen, sowie Blutgefäßen. Die Übersicht (Abb. 12a) läßt erkennen, wie unterschiedlich dick die das Ependym unterlagernde Gewebsschicht ist. Meist

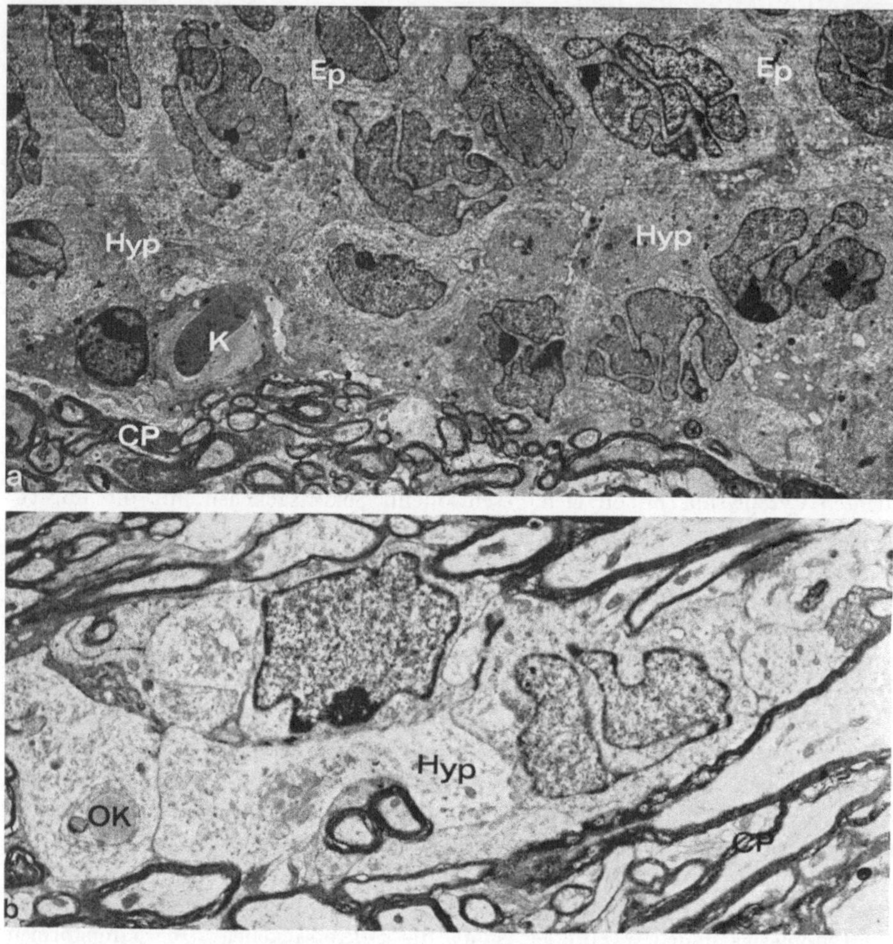

Abb. 12a—b. Hypendym. a Maus 6. Die sekretorischen Hypendymzellen gleichen den subcommissuralen Ependymzellen. *K* Capillare. *U*. 3000:1. b Maus 5. Sekretorische Hypendymzellen in der Commissura posterior. *OK* opaker Körper, von Membranen des rauhen endoplasmatischen Reticulum umgeben. *U*. 6000:1

trennt im medianen Bereich eine nur dünne Lage basaler Fortsätze oder eine
einzige hypendymale Kernreihe die Ependymzone von der Commissur. Weiter
seitlich trifft man dagegen größere hypendymale Gebiete an, die stellenweise,
besonders in Begleitung von Gefäßen, tiefer in die Commisur eindringen. Abb. 12 b
zeigt sekretorische Hypendymzellen inmitten der hinteren Commissur.

α) Die sekretorischen Hypendymzellen

Der überwiegende Anteil des Hypendyms wird von meist langgestreckten,
sekretorisch aktiven Zellen gebildet, die vorwiegend parallel zur Commissur, in
ausgedehnteren Hypendymbereichen auch wahllos orientiert sind. Einige laufen
mit einem Zellpol auf die Commissur zu bzw. in diese hinein. Daraus ergibt
sich, daß auf einem Schnitt so gut wie nie mehrere Hypendymzellen einer

Gruppe in ihrer ganzen Länge getroffen sind, in der Regel ist es nicht einmal eine einzige. — Die sekretorischen Hypendymzellen sehen den subcommissuralen Ependymzellen außerordentlich ähnlich: Ihre *Kerne* entsprechen sich in Größe, Formunregelmäßigkeit und Chromatinverteilung (Abb. 12a). In Kernbuchten, im peri- wie im supranucleären Cytoplasma finden wir *helle Sekretsäckchen*, deren Membran nur wenige Ribosomen trägt und vermutlich von der äußeren Kernmembran abstammt. Obwohl wir Hypendymzellen nur selten in ihrem ganzen Verlauf verfolgen können, haben wir Grund zu der Annahme, daß auch die weiteren Schritte der Sekretbereitung und des Sekrettransports denen in Ependymzellen entsprechen. Die hellen Sekretsäckchen gelangen in unveränderter Form zum Golgi-Apparat, in dessen Bereich sich ihre Anzahl und Größe rasch vermindert. Der Golgi-Apparat (Abb. 13b) bringt *dichte Sekretgranula* hervor, deren Durchmesser wie in Ependymzellen zwischen 200 und 400 mμ schwankt. Die Sekretgranula treten gehäuft in Cytoplasmaabschnitten auf, welche eine beträchtliche Menge an *Mikrotubuli* enthalten; zwischen beiden Strukturen besteht eine enge Verbindung (Abb. 13c). Außerden sieht man in der Nähe der Sekretgranula kleine mitteldichte Bläschen, die z.T. an das Plasmalemm angelagert sind, und, verhältnismäßig häufig, eine *Cilie* oder deren Basalkörper (Abb. 13e). Dichtes Sekret kann zu größeren Arealen zusammenfließen; in diese ragen zuweilen Cilien (Abb. 13f). Da derartige Zellbereiche in den genannten und anderen (s. u.) Merkmalen den apikalen Polen der Ependymzellen gleichen, nennen wir sie analog zu diesen ,,apikale‘‘ Pole von sekretorischen Hypendymzellen. Mit dieser nach cytologischen Kriterien gewählten Analogiebezeichnung ist selbstverständlich keinerlei Richtungsbestimmung in bezug auf das Organ gemeint: manche ,,apikale‘‘ Pole laufen auf die Commissur zu, auf das Organ bezogen also basalwärts. Wenn ,,apikale‘‘ Pole sekretorischer Hypendymzellen einander berühren, sind sie durch *Desmosomen* verbunden (Abb. 13d). Nahe der Commissur, seltener auch an der lateralen Organgrenze, kommt es vor, daß mehrere ,,apikale‘‘ Pole sternförmig zusammengelagert sind (Abb. 13a). Durch die kräftig ausgebildeten Desmosomen und die beträchtlichen Mengen an dichtem Sekret fallen solche *Zellrosetten* besonders auf. Ein Lumen im Zentrum der Rosetten ist nicht zu sehen. Dennoch liegt Sekret gelegentlich extracellulär und drängt die Plasmalemmata benachbarter Zellen auseinander (Abb. 13e; s.a. Abb. 1b bei Herrlinger et al., 1967a). In solche ,,erzwungene‘‘ sekretgefüllte extracelluläre Räume wachsen ausnahmsweise Cilien ein. Etliche der ,,apikalen‘‘ Pole sekretorischer Hypendymzellen erreichen die Basalmembran eines Blutgefäßes (s. S. 55).

Auch im Hypendym kann man helle und dunkle Zellen als Varianten des beschriebenen Prototyps beobachten. Wegen der nahezu vollkommenen Übereinstimmung der sekretorischen Hypendymzellen mit den Ependymzellen halten wir ihre Abstammung vom subcommissuralen Ependymverband für äußerst wahrscheinlich (vgl. u.a. Oksche, 1961; Papacharalampous, 1968). In einer Hinsicht allerdings verhalten sich die sekretorischen Hypendymzellen abweichend: Während sich in Ependymzellen nur wenig rauhes endoplasmatisches Reticulum findet, treten in sekretorischen Hypendymzellen parallel oder konzentrisch angeordnete Zisternen desselben in Kernnähe auf. Einige davon sind erweitert und enthalten helles Sekret (Abb. 14a). Andere sind sekretfrei und so eng gestellt,

H. Herrlinger:

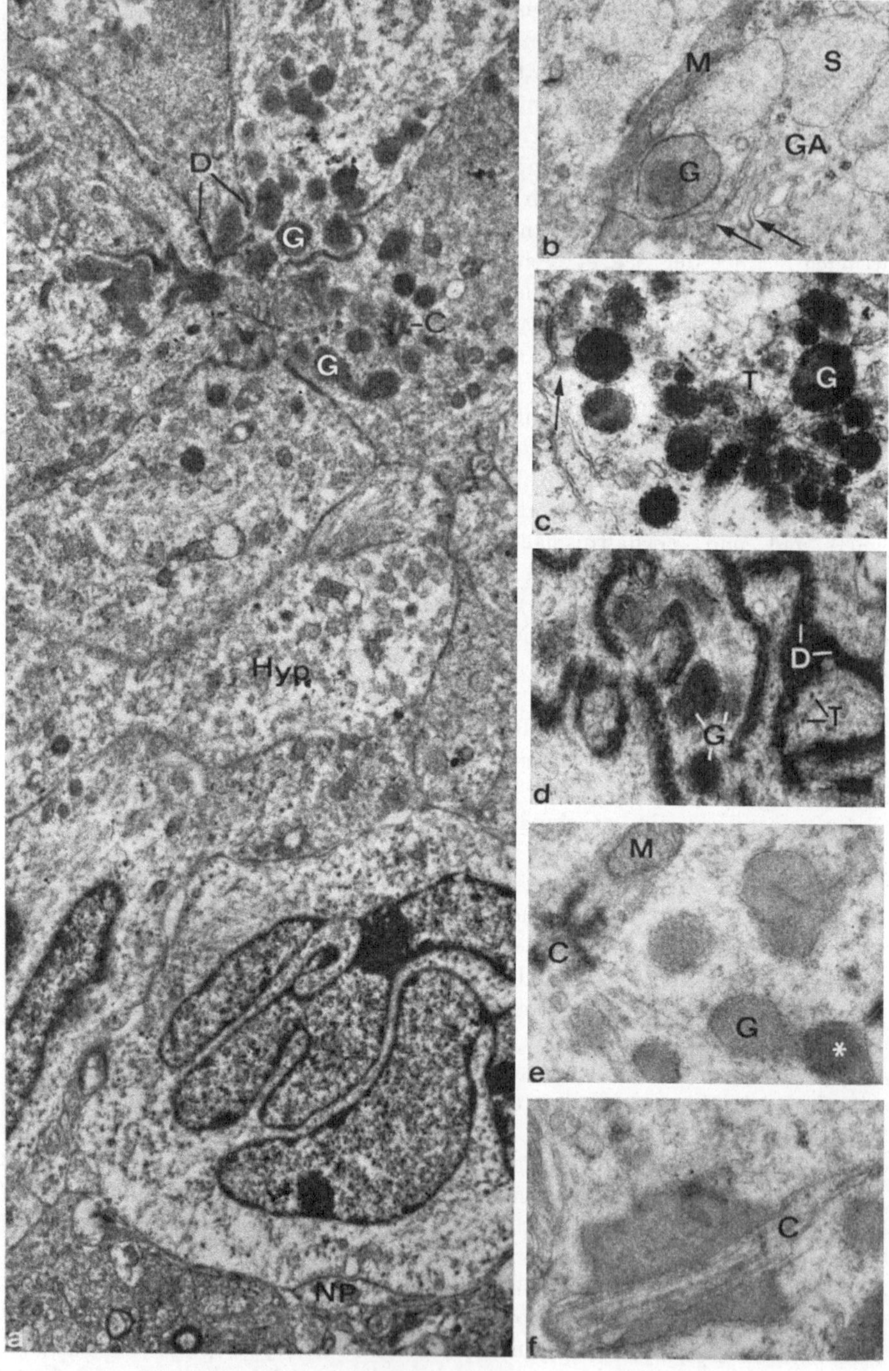

Abb. 13a—f

daß wir im weiteren von *konzentrischen Membranpaaren* anstatt von Zisternen sprechen. Teilweise ribosomenbesetzte konzentrische Membranpaare schnüren Vesikel mit zentral zusammengeballtem granulärem Inhalt ab (Abb. 14b); gleichartige Vesikel stammen in Ependymzellen, wie wir annehmen, von der äußeren Kernmembran. Vorwiegend im Zentrum solcher Membransysteme findet man bisweilen 300—1000 mµ messende *opake Kugeln* (Abb. 12b). Meist noch größer, mit dichterer Mitte und osmiophiler Begrenzung, kommen sie auch unabhängig von Membranpaaren in der Nähe hypendymaler Zellkerne neben hellem Sekret vor (Abb. 14d); sie gleichen den opaken Kugeln in den vesiculären Ependymprotrusionen. Im subcommissuralen Hypendym der Ratte werden ähnliche Körper gefunden (Stanka et al., 1964). Nahe der Commissur fallen weitere konzentrische Membranpaare auf, die sich nicht eindeutig sekretorischen Hypendymzellen zuordnen lassen. Bei der einen Art bilden nur die peripheren Membranpaare einen geschlossenen Ring, während die inneren helle Bläschen entlassen; im Zentrum liegen Bläschen mit mitteldichtem Inhalt (Abb. 14c). Die andere Art zeigt dicht um ein helles Zentrum gepackte glatte Membranpaare, deren konzentrische Anordnung stellenweise in eine netzartige übergeht. Der Spalt zwischen zwei Membranen entspricht in Breite und Dichte dem Intercellularspalt (Abb. 14e). Selten beobachtet man von Membranpaaren des rauhen endoplasmatischen Reticulum umgebene, sehr kontrastreiche polycyclisch begrenzte Körper (Abb. 14f).

β) Die anderen Hypendymzellen

Außer den organspezifischen sekretorischen Hypendymzellen finden wir nur wenige andere Gliazellen. *Oligodendrocyten* liegen vereinzelt in Commissur-Nähe und besitzen den für sie typischen kugeligen Kern, der viel Heterochromatin aufweist und von einem schmalen Cytoplasmasaum umgeben ist. Von protoplasmatischen und filamentären *Astrocyten* werden fast nur die organellenarmen Fortsätze angetroffen, die sich, meist vom Rand des Organs herkommend, zwischen die sekretorischen Hypendymzellen erstrecken. Selten sieht man *Mikrogliazellen* mit einem etwas elongierten Kern, dichtem Cytoplasma und einem hervortretenden Golgi-Apparat. *Nervenzellen* kommen im Hypendym nicht vor. Außer versprengten, myelinumhüllten Axonen der Commissur reichen lediglich sehr dünne unmyelinisierte *neuronale Fortsätze*, deren Herkunft unklar ist, bis ins Hypendym. Synaptische Verbindungen mit Subcommissuralzellen sind nicht wahrzunehmen.

Abb. 13a—f. Sekretorische Hypendymzellen; Zellrosetten. a Maus 3. Die „Apices" mehrerer Hypendymzellen laufen rosettenartig aufeinander zu und sind durch Desmosomen verbunden. Im Cytoplasma viele dichte Sekretgranula und eine Cilie. *NP* Neuropil. *U.* 8000:1. b Maus 10. Vom Golgi-Apparat schnüren sich kleinste mitteldichte Bläschen ab (↗); dichte Sekretgranula, helle Sekretsäckchen und Mitochondrien liegen in der Nähe. *U.* 24000:1. c Maus 8. Dichte Sekretgranula in enger Verbindung mit Mikrotubuli; daneben kleinere mitteldichte Bläschen, die sich z.T. an das Plasmalemm anlagern (↗). *PbH.* 24000:1. d Maus 7. „Apikale' 'Cytoplasmabereiche sind durch Desmosomen miteinander verbunden; sie enthalten dichte Sekretgranula, Mikrotubuli und kleine Bläschen. *U.* 24000:1. e Maus 11. Im „apikalen" Cytoplasma sieht man neben dichten Sekretgranula eine Cilie mit angelagertem Mitochondrion. In einer Ausbuchtung des Intercellularspalts liegt dichtes Sekret (∗). *U.* 24000:1. f Maus 10. Die längsgeschnittene Cilie durchquert ein großes (extracelluläres?) dichtes Sekretareal. *U.* 24000:1

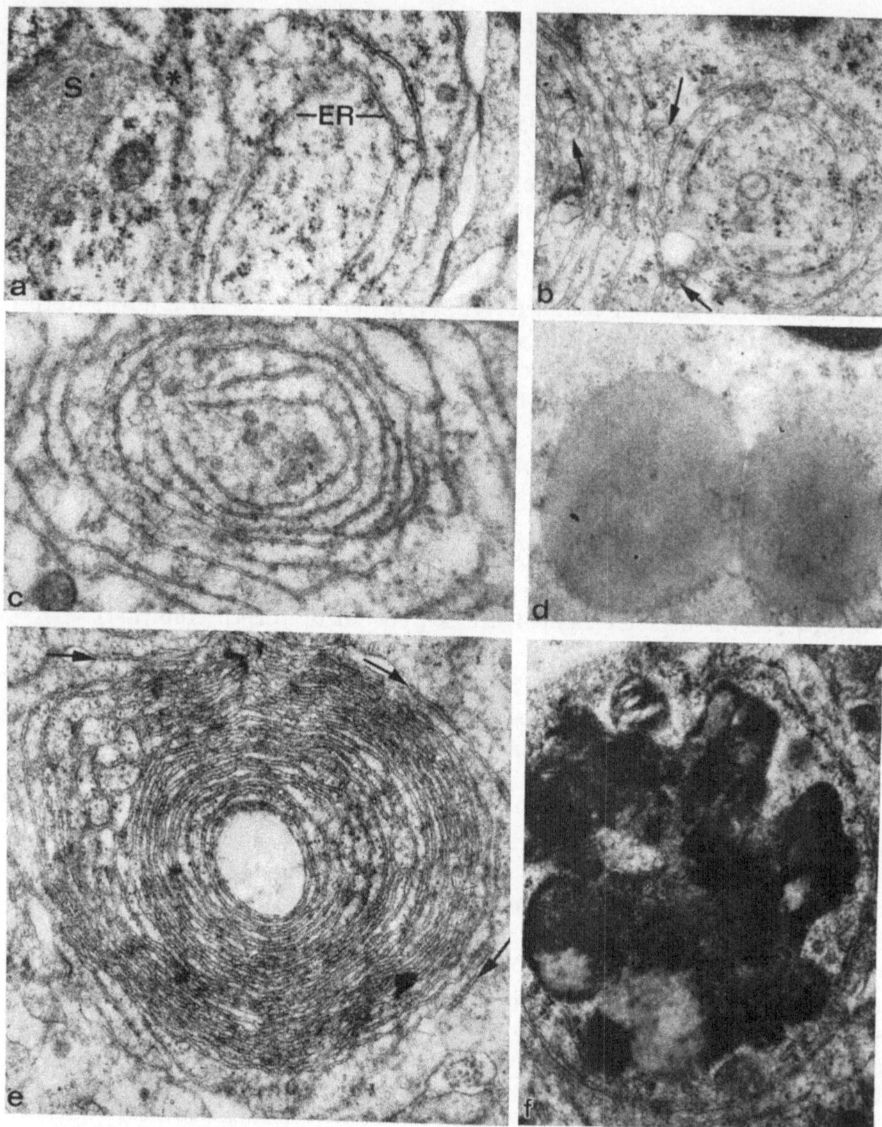

Abb. 14a—f. Konzentrische Membranpaare im Hypendym. a Maus 10. Membranpaare des rauhen endoplasmatischen Reticulum; in erweiterten Zisternen wird helles Sekret gebildet (*). *U.* 24000:1. b Maus 8. Die konzentrischen Membranpaare sind nur an wenigen Stellen mit Ribosomen besetzt; eng benachbart liegen Vesikel mit zentral zusammengeballtem Inhalt (↗). *PbC-U.* 24000:1. c Maus 5. Konzentrische Membranpaare, nur mit wenigen Ribosomen besetzt. Von den inneren Membranpaaren schnüren sich helle Bläschen ab; im Zentrum Bläschen mit mitteldichtem Inhalt. *U.* 24000:1. d Maus 11. In Kernnähe zwischen hellen Sekretsäckchen opake Körper. *U.* 24000:1. e Maus 8. Diese konzentrischen Membranpaare sind ribosomenfrei und besonders eng geschichtet; der Spalt innerhalb eines Membranpaares hat Ähnlichkeit mit dem Intercellularspalt (↗), der sich oben und rechts den Membranpaaren anschließt. *PbC-U.* 24000:1. f Maus 8. Polycyclisch begrenzter osmiophiler Körper, von einem Membranpaar des rauhen endoplasmatischen Reticulum umgeben. *PbC-U.* 24000:1

γ) *Die Blutgefäße*

Die das SCO versorgenden Capillaren (Abb. 12a, 15a) liegen im allgemeinen am Rande des Organs. Man trifft sie regelmäßig im Grenzbereich von hinterer Commissur, Hypendym und benachbartem Neuropil. Nur in einem Fall sehen wir eine Capillare mitten im Hypendymbereich, in drei Fällen eine solche bis auf Kernhöhe ins Ependym vorgeschoben. Die Capillaren bieten wenig Besonderheiten. Das schmale *Endothel* enthält die üblichen Zellorganellen. Häufig ragen vom Endothel mikrovilliartige Cytoplasmaausstülpungen ins Gefäßlumen. Besonders in ihrer Nähe beobachtet man viele Mikropinocytosevesikel (Abb. 15g); diese können das Endothel in seiner ganzen Breite bis zur Basalmembran durchsetzen. Kleine Bläschen mit dichtem Inhalt sieht man im Endothel weit seltener (Abb. 15f). Die Ränder der Endothelzellen überlappen sich und sind durch Desmosomen miteinander verbunden. Einige Cytoplasmaareale von Endothelzellen liegen in Taschen der *Basalmembran*. Diese ist meistens 40—50 mµ dick; über kürzere Strecken ist sie verbreitert und scheint in einem Fall aus zwei bis drei ca. 42 mµ dicken Schichten zusammengesetzt zu sein (Abb. 15b). An einigen Stellen zeigt die Basalmembran eine senkrecht zu ihrem Verlauf gerichtete Streifung, nahe benachbart ausnahmsweise kleine Bereiche mit netziger Zeichnung (Abb. 15d). Periodisch strukturierte Körper oder periodische Linienmuster der Basalmembran von solcher Regelmäßigkeit, wie sie im SCO der Ratte (Wetzstein et al., 1963) bzw. des Meerschweinchens (Wetzstein et al., 1966) vorkommen, können wir im SCO der Maus nicht finden. In Basalmembranduplikaturen liegen *Pericyten* mit einem oft auffallend aktiven Golgi-Apparat. Manchmal sieht man in einer Duplikatur einen schmalen, ziemlich dichten Cytoplasmafortsatz, der entweder die Stelle eines Pericyten einnimmt (Abb. 15g) oder einem solchen innen bzw. außen anliegt; er kann durch bis zu 1 µ große runde Gebilde (Riesenmitochondrien?) in unregelmäßigen Abständen aufgetrieben sein. Gelegentlich enthalten Basalmembranduplikaturen Zellen mit extrem dichten rundlichen Körpern, deren größte (Durchmesser ca. 1 µ) vacuolisiert sind. Die Natur dieser Zellen ist ungeklärt. Nach ihrer Lage könnten es Pericyten sein; doch ist auch an die Möglichkeit zu denken, daß eine hypendymale Gliazelle außerhalb der Schnittebene in den nur scheinbar abgeschlossenen Basalmembranraum gelangt ist. In einer hypendymalen Gliazelle nahe einer Capillare finden Isomäki et al. (1965) gleichartig aussehende „Lipofuscin-Partikel". Ein *extracellulärer Perivascularraum* ist bei den subcommissuralen Capillaren der Maus nicht vorhanden. Besonders bei etwas größeren Capillaren finden wir vielfach, daß sich Abzweigungen der Basalmembran in das umgebende Gewebe hinein erstrecken und entweder dort blind enden (Abb. 15d) oder nach gebogenem Verlauf zur Basalmembran zurückkehren. Die auf dem Schnitt von der Basalmembran umschlossenen Bezirke bestehen meist aus Fortsätzen von protoplasmatischen und filamentären *Astrocyten*. Astrocytenfortsätze umgeben die Mehrzahl der Capillaren — auch die ins Ependym vorgeschobenen — vollständig und bilden so eine unterschiedlich dicke Trennschicht zwischen Subcommissuralzellen und Gefäß. So sieht man z.B. auf Abb. 15g einen basalen Ependymzellfortsatz mit hellem Sekret, der durch einen filamentären Astrocytenfortsatz von der Basalmembran getrennt ist. In wenigen Fällen grenzt eine sekrethaltige Zelle jedoch direkt an die Basalmembran bzw. ihre Abzweigungen; dabei fällt

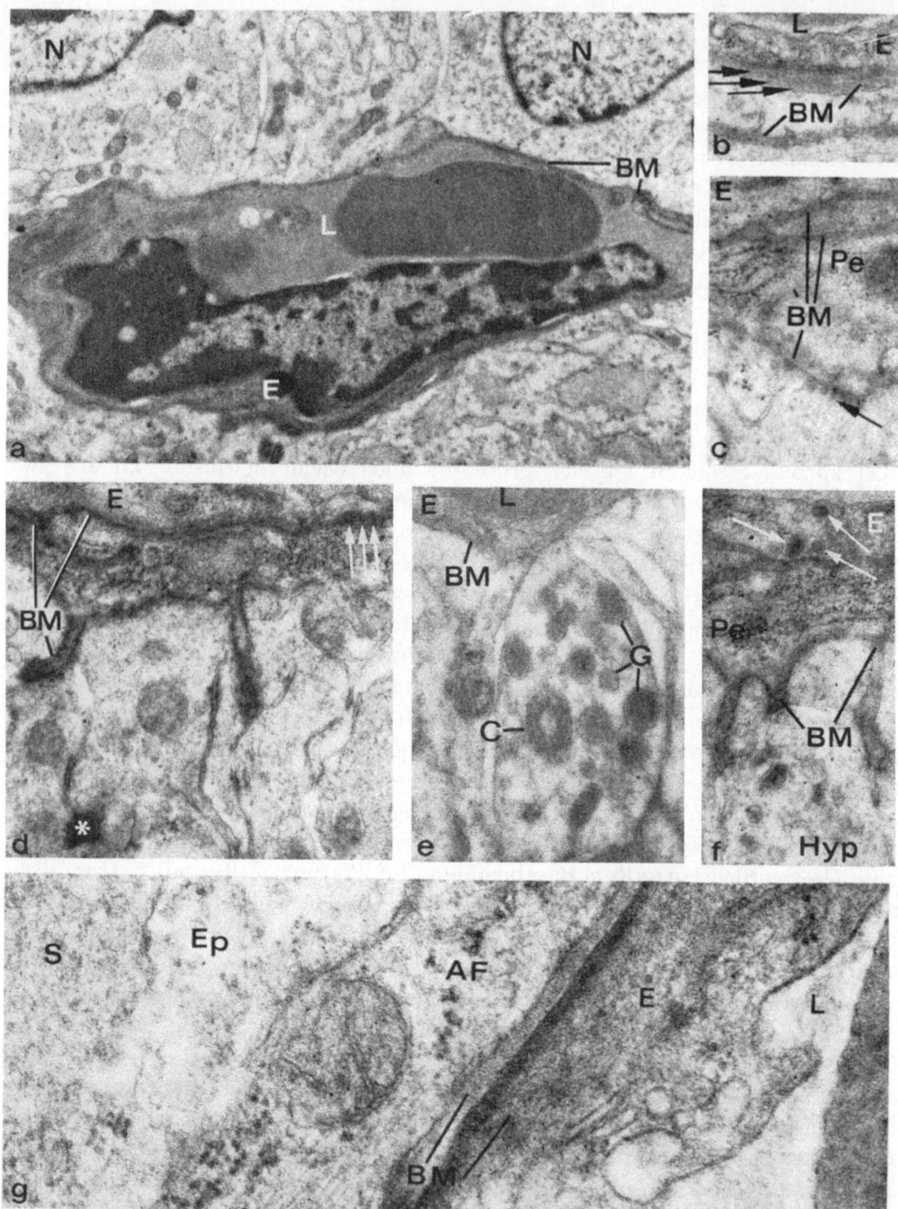

Abb. 15a—g. Blutcapillaren. a Maus 11. Subcommissurale Zellen (z.T. mit Sekret) grenzen an die dünnwandige Capillare. *BM* Basalmembran, *E* Endothel, *L* Lumen. *U.* 8000:1. b Maus 7. Die Basalmembran zeigt hier eine geschichtete Unterstruktur (↗). *U.* 24000:1. c Maus 10. Im Cytoplasma einer sekretorischen Hypendymzelle diffuse und knötchenförmige Anlagerungen an das der Basalmembran anliegende Plasmalemm (↗). *Pe* Pericyt. *U.* 24000:1. d Maus 10. Abzweigungen der Basalmembran drängen sich zwischen benachbarte Hypendymzellen. ↗ Unregelmäßige Querstreifung der Basalmembran. In einer Ausbuchtung des Intercellularspalts liegt dichtes Sekret (*). *U.* 24000:1. e Maus 3. „Apikale" Zellpole sekretorischer Hypendymzellen stoßen unmittelbar an die Basalmembran einer Capillare; der

auf, daß es sich fast immer um den „apikalen" Pol einer sekretorischen Hypendymzelle handelt (Abb. 15e). Wir haben den Eindruck, daß sich die dichten Sekretgranula mit Annäherung an die Basalmembran verkleinern; um sie herum liegen häufig kleinste hellere Bläschen. Manchmal ist dem Plasmalemm eines solchen „apikalen" Pols diffuses und knötchenförmiges Material angelagert (Abb. 15c).

c) Die Grenzen des Organs

Die Grenze zum „gewöhnlichen" Ependym. Die Trennung des subcommissuralen Ependyms von dem die benachbarten Hirngebiete bedeckenden ist im allgemeinen sehr scharf.

Die „gewöhnliche" Ependymzelle unterscheidet sich von der subcommissuralen in vielen Merkmalen: Ihre eckig konturierten Zellkerne sind nicht so stark zerklüftet, wenngleich Segmentierung und sogar Kernbrücken vereinzelt vorkommen. Durch ihr sehr helles Kerninneres und durch stärker zusammengeballtes randständiges Chromatin erscheinen sie wesentlich kontrastreicher als die Kerne im SCO (Abb. 16a). Ihr niedriger supranucleärer und apikaler Bereich (Abb. 16b) enthält kein Sekret, jedoch neben einem gut entwickelten Golgi-Apparat und einigen Zisternen des rauhen endoplasmatischen Reticulum eine große Anzahl von Mitochondrien. Diese liegen in engster Beziehung zu dichten Büscheln von Mikrotubuli, die von den Basalkörpern der Cilien ausgehen. Die Zellapices sind nicht in den Ventrikel vorgewölbt und lassen reichlich Mikropinocytosebläschen erkennen. An den lateralen Zellgrenzen werden, im Gegensatz zu den Befunden am SCO, häufiger Zonulae occludentes beobachtet. Im Ventrikellumen findet man außer vielen Anschnitten von Mikrovilli und Cilien eine beträchtliche Menge von neuronalen Fortsätzen (Abb. 16b); selten trifft man Myelinfiguren frei im Liquorraum an.

Zwischen die beiden Ependymarten ist fast überall eine 0,2—3 μ dicke Schicht aus schmalen protoplasmatischen und filamentären Astrocytenfortsätzen eingeschoben (Abb. 16a). Ausnahmsweise finden sich einzelne Subcommissuralzellen jenseits der astrocytären Trennschicht. Ab und zu gibt es an der Grenze Zellen mit gemischten Merkmalen: So liegen auf der SCO-Seite Zellen, die im Kern (geringe Zerklüftung, eckige Kontur, Chromatinballung) an „gewöhnliche" Ependymzellen erinnern, während sie in der größeren Gesamthöhe und der geringen Cilienzahl den subcommissuralen Zellen ähneln; eine Sekretbildung kann an solchen Zellen jedoch nicht wahrgenommen werden.

Maus Nr. 1 und 2 zeigen (in ungefähr korrespondierender Lokalisation) je zwei Stellen, an denen der Intercellularspalt zwischen „gewöhnlichem" Ependym und Astrocytenschicht sowie zwischen einzelnen Astrocytenfortsätzen auf 65—100 mμ und mehr verbreitert und von einer amorphen Substanz mittlerer Dichte erfüllt ist (Abb. 16a). In ihrem Aussehen gleicht die amorphe Substanz zwar der Basalmembran eines Gefäßes, übertrifft aber deren für die Verhältnisse im SCO übliche Breite. Überdies ist bei keinem der beiden Tiere auf vorausgehenden oder folgenden Schnitten in den betreffenden Bereichen ein Gefäß vorhanden.

Die Grenze zum benachbarten Neuropil. Diese Grenze ist ebenfalls durch filamentäre und protoplasmatische Astrocytenfortsätze im allgemeinen deutlich gekennzeichnet (Abb. 16c). Dennoch findet man, wenn auch selten, sekretorische

mittlere Zellpol enthält eine Cilie und dichte Sekretgranula. 24000:1. f Maus 10. Im Capillarendothel kleine Bläschen mit dichtem Inhalt ($\nearrow$). Untere Bildhälfte: sekretorische Hypendymzelle. *U.* 24000:1. g Maus 10. Links basaler Bereich einer subcommissuralen Ependymzelle mit hellen Sekretsäckchen. Zwischen ihr und der Capillare (rechts) liegt der Fortsatz eines filamentären Astrocyten (*AF*). Schmaler, auffallend dichter Zellfortsatz in Basalmembranduplikatur. Im Endothel helle Bläschen. *U.* 60000:1

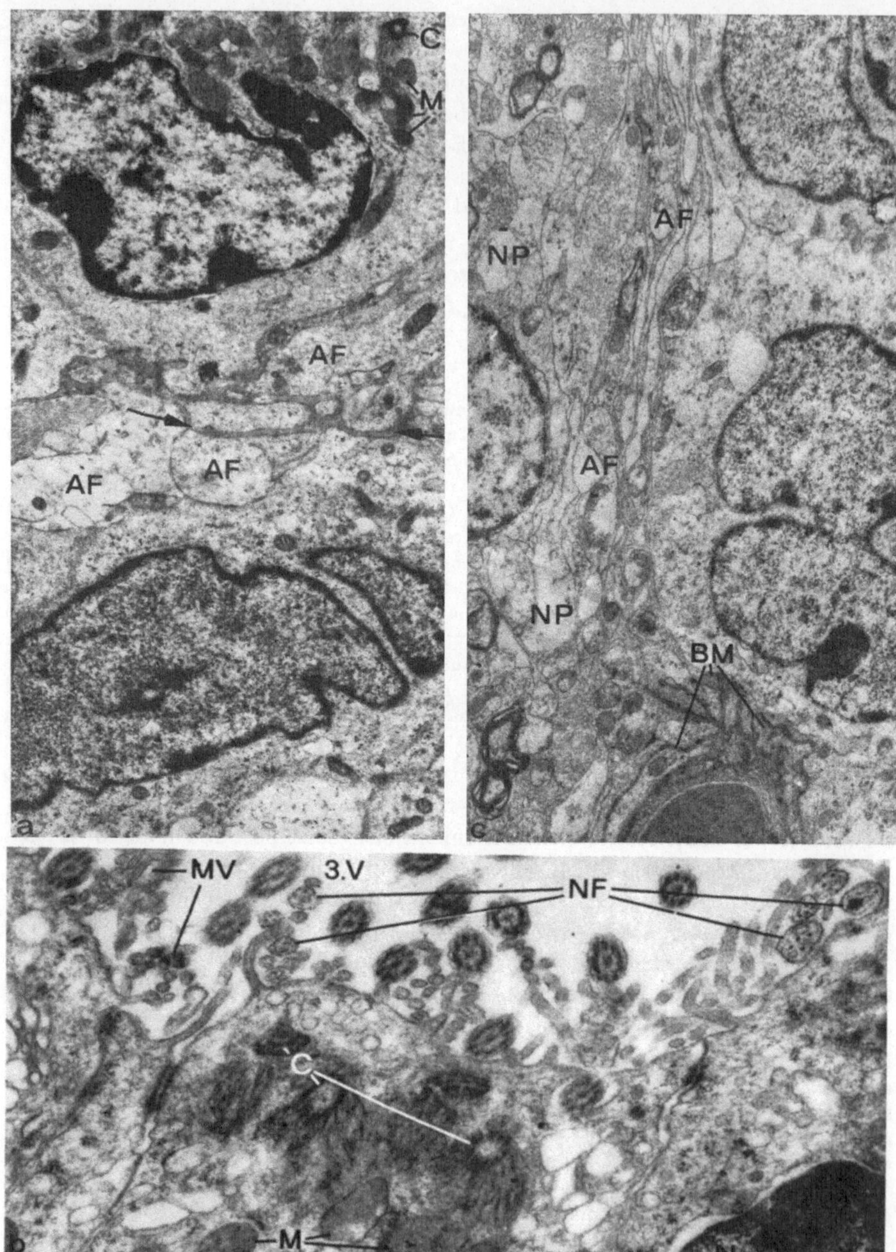

Abb. 16a—c. Grenzbezirke des SCO. a Maus 8. Das subcommissurale Ependym (unten) wird vom „gewöhnlichen" Ependym durch eine Zone von Fortsätzen protoplasmatischer und filamentärer Astrocyten (*AF*) getrennt; in den verbreiterten Intercellularfugen findet sich mitteldichtes homogenes Material vom Aussehen einer Basalmembran (↗). Man beachte den Unterschied in der Chromatinverteilung der beiden Zellkerne. *PbH*. 8000:1. b Maus 4. „Gewöhnliche" Ependymzellen; das apikale Cytoplasma der mittleren Zelle enthält mehrere Cilien, denen Mitochondrien angelagert sind. Im Ventrikellumen sieht man neben Mikrovilli und Cilien myelinfreie neuronale Fortsätze (*NF*) verschiedenen Kalibers. *PbH*. 24000:1. c Maus 7. Auch entlang der Grenze zwischen SCO und Neuropil (*NP*) findet sich eine Zone von Fortsätzen protoplasmatischer und filamentärer Astrocyten. Unten im Bild eine Capillare mit verzweigter Basalmembran (*BM*). *U*. 8000:1

Hypendymzellen im Neuropil. Zu beiden Seiten der Trennschicht liegen Oligoden-drocyten und Gliazellen mit dichten Einschlüssen; letztere findet man besonders dort, wo das SCO an zwei verschiedene Nachbarzonen grenzt, also an „gewöhn-liches" Ependym und Neuropil bzw. an hintere Commissur und Neuropil.

Die Grenze zur Commissura posterior. Nur ausnahmsweise wird das SCO hier durch eine dichte Schicht parallel zur Commissur verlaufender filamentärer Astro-cytenfortsätze begrenzt. Meist stoßen organspezifische Strukturelemente, nämlich basale Ependymfortsätze oder sekretorische Hypendymzellen, unmittelbar an die myelinumhüllten Axone. An Stellen von gering ausgebildetem Hypendym ver-läuft die Grenzlinie ziemlich gerade, während von ausgedehnteren Hypendym-bereichen oft Ausläufer in die Commissur eindringen.

Diskussion

1. Zellkerne

Eines der auffallendsten Merkmale des SCO der Maus ist die *zerklüftete Ge-stalt* der Zellkerne. — *Mäßig gebuchtete Kerne* sind in der Cytologie ein häufiger Befund. So finden sich gewellte Kernmembranen fast stets in Zellen mit inten-siven Syntheseprozessen (Gresson und Threadgold, 1962; Moses, 1964; Wessing, 1965; u.a.). Zu diesen gehören neben Oocyten, Tumorzellen und vielen anderen auch Zellen mit aktiver Sekretionstätigkeit wie z.B. neurosekretorische Zellen (Shimizu und Ishii, 1965) oder die gliosekretorischen Zellen des SCO. *Stärker gebuchtete Zellkerne* wurden im SCO verschiedener Species lichtmikroskopisch (Rana esculenta: Oksche, 1962; Ratte: Stanka, 1963; Meinel, 1967) und elektro-nenmikroskopisch (Ratte: Stanka et al., 1964; Pristella riddlei: Stanka, 1967; Meerschweinchen: Vigh et al., 1967; Papacharalampous et al., 1968) gefunden. Derartig ausgeprägte Formen der Kernbuchtung, die lichtmikroskopisch auch unter der Bezeichnung „nuclear inclusions" oder „intranuclear rods" beschrieben wurden, sind in anderen Objekten weniger häufig anzutreffen: „Nuclear inclusions" kommen hauptsächlich in Tumorzellen vor oder in Zellen, die pathologischem Stress ausgesetzt sind (Serber, 1961; David, 1964; Fabre und Marescaux, 1968); elektronenmikroskopisch stellen sie sich als breite, tief in den Zellkern invagi-nierte Cytoplasmabereiche dar (Kleinfeld et al., 1956; Wessel, 1958; Oksche, 1962; Sterba, 1966), deren Verbindung mit dem perinucleären Cytoplasma auf dem einzelnen Schnitt oft nicht zu sehen ist. „Intranuclear rods" treten in normalen und in Tumorzellen (Swift, 1963) auf. Ihr elektronenmikroskopisches Bild zeigt bei einem Teil der Zellen ebenfalls außerordentlich tiefe, aber schmale Cytoplasmainvaginationen, die den Zellkern in zwei oder mehrere Segmente zu spalten scheinen (Colonnier, 1965); beim anderen Teil dagegen sind es echte Kerneinschlüsse (s. S. 48). *Extrem stark zerklüftete Zellkerne,* bei denen Kern-segmente durch Kernbrücken verbunden sind, sieht man in der Literatur recht selten. Kernbrücken vom schmaleren Typ fanden wir nirgends dargestellt. Kern-brücken vom breiteren Typ kommen, abgesehen von wenigen nicht näher be-schriebenen Einzelfunden (Holmes und Kiernan, 1964; Patrizi und Munger, 1965; Patrizi und Poger, 1967; Toselli und Pepe, 1968) vorwiegend in pathologisch abgewandelten Zellen vor: Während man nur ab und zu auf Dünnschnitten von

„normalen" polymorphkernigen Leukocyten „thin strands connecting the nuclear lobes" (Hirsch und Fedorko, 1968) bzw. „nuclear pockets" (Smith und O'Hara, 1968) findet, die meisten Granulocytenkerne jedoch als Gruppen einzelner Kernsegmente imponieren (s. Abb. 7 bei Hirsch und Fedorko, 1968; Watanabe et al., 1967), sind Profile von Kernbrücken für das Kernbild von Leukämiezellen anscheinend charakteristisch. Sie werden als „loops of the nuclear envelope" (Anderson, 1966), „envelope-limited sheets of chromatin associated with the cell nucleus" (Davies, 1968) oder als „chromatin bridges" (Sanel und Anderson, 1968) bezeichnet. Als weiteres Beispiel für das gehäufte Auftreten von Kernbrücken bei abnormer Aktivitätssteigerung der Zellen läßt sich das SCO der Ratte anführen. Während die Zellkerne sehr junger Ratten wenig gebuchtet sind (Stanka et al., 1964) und man bei adulten Tieren ganz vereinzelt Kernbrücken findet (s. Abb. 4 bei Stanka et al., oder Abb. 1 bei Miline et al., 1968), treten diese bei experimenteller Stress-Situation in den subcommissuralen Zellkernen in großer Anzahl auf (s. Abb. 2 bei Miline et al.). — Im Gegensatz zu den genannten Beispielen handelt es sich bei den Kernbrücken im SCO der Maus um einen Regelbefund, nämlich um ein *allen Zellkernen des Organs gemeinsames Merkmal*. Vergleichbar damit ist der „Zelltyp 1" im juxta-oralen Organ des Menschen (Übersichtsbild bei Mayr und Salzer, 1967); dort besitzen die Kerne Brücken und lassen in Kernbuchten nicht selten helle Einschlüsse erkennen, die von den Autoren für Sekret gehalten werden. Ebenfalls unter Ausbildung von Kernbrücken hochgradig gebuchtet sind die Pinealocyten in der Epiphyse des Affen Saimiri spec. (Wartenberg, 1968). Bemerkenswert ist, daß hier — wie bei der Maus — das benachbarte „gewöhnliche" Ependym auch unregelmäßige Kernkonturen aufweist. Jedenfalls ist eine derart starke Zerklüftung nahezu aller Zellkerne eines Organs ein äußerst seltenes Phänomen. — Bevor wir nach Erklärungen für diese auffallende Erscheinung suchen, wollen wir kurz einige Ergebnisse der Literatur anführen, die sich mit der Rolle des Zellkerns bei der Proteinsynthese befassen. Der mit Poren versehenen Kernmembran wird eine große Bedeutung für den Stoffaustausch zwischen Zellkern und Cytoplasma zugesprochen (Anderson und Beams, 1956; Watson, 1959; u.a.). Dieser besteht zu einem beträchtlichen Teil in der Abgabe von Ribonucleinsäuren (RNS) aus dem Kern ins Cytoplasma, wobei von den drei bei der Proteinsynthese zusammenarbeitenden RNS-Arten die messenger-RNS und die Ribosomen-RNS sehr wahrscheinlich durch die Kernporen ausgeschleust werden (Stevens, 1964; Cossel und Wohlrab, 1964; Stevens und Swift, 1966; Lit. bei Wessing, 1965). Beide sollen unter Mitwirkung von Nucleolus und Euchromatin synthetisiert werden (Yasuzumi und Sugihara, 1965; Lit. bei Cuadros und Cooper, 1968). Bal et al. (1968) halten es für möglich, daß die Kernporen selbst den Bildungsort der Ribosomen darstellen. Während die Proteinsynthese an den freien cytoplasmatischen Ribosomen bzw. Polysomen den Eigenbedarf der Zelle decken soll, entsteht das Export-Eiweiß an den membrangebundenen Ribosomen des rauhen endoplasmatischen Reticulum (Tessmann, 1968; Björkman, 1968). — Davon ausgehend, sind für die extrem zerklüftete Gestalt der subcommissuralen Zellkerne bei der Maus, die allem Anschein nach zu einer intensiven Proteinsynthese der sekretorischen Zellen in Beziehung steht, mehrere *Möglichkeiten* der Erklärung gegeben. Die zerklüftete Gestalt kann bedeuten:

a) Eine primär angestrebte Vergrößerung der Kernoberfläche mit Vermehrung der Kernporen. In diesem Falle würden beide von Watson (1959) angegebenen Wege des Stoffaustausches zwischen Kern und Cytoplasma (über die Kernporen einerseits, über den perinucleären Raum andererseits) begünstigt. Krstič (1967) beschreibt eine Vermehrung der Kernporen an gebuchteten Kernen experimentell stimulierter Zellen. Colonnier (1965) findet eine Erhöhung der Porenzahl speziell an den Kernmembranbereichen, die die tiefen, auffallend ribosomenreichen Cytoplasmainvaginationen in Zellkerne bestimmter Nervenzellen begrenzen. In unserem Material sind die Poren eher gleichmäßig über die Kernoberfläche verteilt. Lediglich in der Nähe eines randständigen Nucleolus liegen sie dichter; Kernbrücken sind frei von Poren. Immerhin besitzen die Zellkerne im SCO der Maus wohl tatsächlich eine größere Anzahl von Poren als die regelmäßiger geformten Kerne im gleichen Organ anderer Species, z.B. der Kröte, wo Kernporen nur selten zu sehen sind (Murakami und Tanizaki, 1963).

b) Eine Vermehrung des rauhen endoplasmatischen Reticulum durch Vergrößerung der äußeren Kernmembran zugunsten der Sekretbildung in der perinucleären Zisterne. Ein Vergleich des SCO bei Maus, Ratte und Meerschweinchen zeigt eine Beziehung zwischen Kerngestalt und Lokalisation des rauhen endoplasmatischen Reticulum (= Sekretbildungsstätte). Bei der Maus ist der Zellkern excessiv zerklüftet. Das rauhe endoplasmatische Reticulum besteht fast ausschließlich aus der perinucleären Zisterne, die stellenweise zu großen Sekretblasen ausgebuchtet ist. Beim Meerschweinchen dagegen (Vigh et al., 1967; Papacharalampous et al., 1968) ist die Zerklüftung der Zellkerne wesentlich geringer. Im Cytoplasma finden sich, konzentrisch bzw. parallel angeordnet, viele Zisternen des rauhen endoplasmatischen Reticulum, von denen helle Sekretsäckchen abgeschnürt werden: die äußere Kernmembran spielt bei der Sekretbildung kaum eine Rolle. Eine Mittelstellung nimmt die Ratte ein (Stanka et al., 1964). Bei ihr sind die Zellkerne mäßig stark gebuchtet. Das rauhe endoplasmatische Reticulum wird zu einem Teil von der perinucleären Zisterne gestellt, die öfters Sekret enthält: zum anderen Teil besteht es aus ribosomenbesetzten Säckchen, die, mehr oder weniger Sekret enthaltend, das Cytoplasma anfüllen. Dieser Beziehung widersprechen allerdings die Beobachtungen von Müller und Sterba (1965) am Bachneunauge und von Murakami und Tanizaki (1966) am Kugelfisch: hier sind die Kerne der Subcommissuralzellen wenig gebuchtet und zeigen Sekret in der perinucleären Zisterne. Auch unsere Befunde an sekretorischen Hypendymzellen — zerklüftete Kerne und konzentrische Membranpaare — lassen sich nicht einordnen.

c) Eine primär angestrebte Segmentierung des Kerns in einzelne Bezirke. In den kleinen Segmenten ist die mittlere Entfernung von Strukturen des Kerninneren zur Oberfläche geringer als in einem ungebuchteten Kern. Die Nucleolen sind anscheinend so verteilt, daß in jedem etwas größeren Kernsegment mindestens einer liegt. Der Transport der Ribosomen-RNS, der nach Shimizu und Ishii (1965) schon durch die Anlagerung des Nucleolus an eine entweder evaginierte oder invaginierte Kernmembran erleichtert ist (s.a. Bannasch und Thoenes, 1965; Krstič, 1967), wird hier durch die verkürzte Entfernung vom Nucleolus zu allen Stellen der Segmentoberfläche vermutlich weiter begünstigt. In den subcommissuralen Zellen würde dadurch die auf allen Seiten eines Kernsegments stattfindende Proteinsynthese gefördert. — Für eine weitere im Karyoplasma gelegene Struktur gelten die gleichen Überlegungen: Die umschriebenen dicht granulierten Bereiche (S. 21) sehen den „Sphaeridien" vom granulären Typ (Büttner, 1968b) recht ähnlich. Sie stimmen nach Größe (300—1500 mµ) und Häufigkeit (3 pro Kern) mit ihnen weitgehend überein. Nach der Hypothese von Büttner (1968b) stellen die Sphaeridien einen aktiven Ort im Karyoplasma dar, der „im Zusammenhang mit einer intranucleären Proteinsynthese ausgebildet wird". Eine Verkürzung des Transportweges muß vor allem dann wichtig sein, wenn die synthetisierten Proteine tatsächlich Steuerfunktion (Büttner, 1968a) besitzen. Es ist auszuschließen, daß die umschriebenen Bereiche etwa Querschnitte von Tubulibündeln darstellen, wie sie z.B. Weindl et al. (1968; Gefäßorgan der Lamina terminalis beim Kaninchen; Abb. 14g) demonstrieren. Diese stabförmigen Kerneinschlüsse wurden gleichfalls als „intranuclear rodlets" beschrieben.

d) Eine Folge größerer Substanzverluste. Die Segmentierung wäre damit sekundär, etwa durch zu reichliche RNS-Ausschleusung, entstanden. Diese Möglichkeit wird in der Literatur erörtert: Gresson und Threadgold (1962) schildern an Oocyten, Wessing (1965) an bestimmten Zellen von Drosophila melanogaster während des Aufbaus der Imago Vorgänge der Kernmembranwellung; dort werden allerdings sichtbar größere Mengen an Kernsubstanz in toto ausgestoßen, was im SCO der Maus nicht zu beobachten ist. Cossel und Wohlrab (1964) finden eine Verkleinerung und Buchtung des Zellkerns, die durch RNS-Ausschleusung via Kernporen bedingt ist (s.a. Stöcker, 1962). Wenngleich eine fortschreitende Faltung der Kernmembran eine gute Erklärung für die Entstehung der Kernbrücken bieten würde, ist sie dennoch — zumindest als alleinige Ursache — unwahrscheinlich: Bei einer kontinuierlichen sekretorischen Aktivität würde der Zellkern unter zunehmender Buchtung so lange an Inhalt verlieren, bis er — und mit ihm die Zelle — schließlich zugrunde ginge. Das ist nicht der Fall. Die Vacuolen-Zellen weisen zwar Anzeichen der Degeneration auf, besitzen jedoch keineswegs stärker gebuchtete Kerne als die übrigen Zellen. Bei einer cyclischen sekretorischen Aktivität müßte sich die Kontur der Kerne im Erholungsstadium wieder regelmäßig gestalten; auch das trifft nicht zu.

Es ist durchaus denkbar, daß die unter *a)—c)* gebrachten Erklärungsversuche in Kombination zutreffen: Sekretbildung an der äußeren Kernmembran in die perinucleäre Zisterne, Abgabe von RNS durch die Poren ins Cytoplasma, Aufnahme von Substanzen in den Kern und Vorgänge der Energiegewinnung nehmen konkurrierend die Kernoberfläche in Anspruch; der verhältnismäßig kurze Transportweg erleichtert ebenso wie die vergrößerte Oberfläche Stoffwechsel- und Steuerfunktionen.

Ob außerdem die relativ geringe Menge von Heterochromatin, wie wir sie in den subcommissuralen Zellkernen im Gegensatz zu Kernen „gewöhnlicher" Ependymzellen finden, mit der Kernsegmentierung zusammenhängt, können wir nicht entscheiden. Es wäre zu fragen, ob (und in welchem Maß) sich die Umwandlung von Heterochromatin in Euchromatin (Tessmann, 1968), entsprechend einer Entspiralisierung inaktiver Chromosomen, und die Wellung der Kernmembran gegenseitig beeinflussen können. Es ist keineswegs klar, welche Rolle die „funktionelle Kernschwellung" früherer Autoren, welche von Stöcker (1962) als Ausdruck gesteigerter synthetischer Aktivität des Kerns in bezug auf intranucleäre Protein- und RNS-Neubildung gedeutet wird, bei der Kernbuchtung spielt (s. David, 1964). In diesem

Zusammenhang ist die Überlegung von Palkovits (1965) interessant, daß eine Stoffwechselsteigerung der Subcommissuralzellen besonders in den Zellkernen stattfindet, in denen ein an Cystin reiches Protein synthetisiert werden soll.

Über die funktionelle Bedeutung der *Kernbrücken*, die ja ein Maximum an Oberflächenvergrößerung darstellen, können wir kaum Aussagen machen. Sicher scheint uns zu sein, daß sie mit dem Sekretionsprozeß unmittelbar nichts zu tun haben. Es fällt jedoch auf, daß in ihrer Nähe Mitochondrien recht häufig anzutreffen sind; diese könnten der Energiegewinnung dienen. Nach Epiphysektomie fand Krstič (1967) in Epithelkörperchen-Zellen neben anderen Zeichen gesteigerter Stoffwechselaktivität durchschnittlich zweimal mehr Mitochondrien in Kontakt mit dem Kern als vorher. Die Granula in den Kernbrücken vom breiteren Typ werden von Davies (1968) sowie von Hirsch und Fedorko (1968) als Heterochromatin aufgefaßt. Dieser Meinung schließen wir uns an und knüpfen daran folgende Erwägungen: Na^+ ist wichtig für den Kernstoffwechsel, u.a. für die Aufnahme bestimmter Aminosäuren; die Lokalisation von Na^+ stimmt mit der des Heterochromatin überein (Spicer et al., 1968). Die wesentlich häufiger vorhandenen Kernbrücken vom breiteren Typ besitzen also möglicherweise die Funktion einer extrem vergrößerten Aufnahmefläche des Kerns für Rohstoffe. Die Kernbrücken vom schmaleren Typ enthalten kein Heterochromatin, sondern nur die „fibrous lamina"; dieser wird eine Kontrollfunktion beim Stoffaustausch zwischen Kern und Cytoplasma zugeschrieben (Fawcett, 1966). Offenbar ist die helle Zone („fibrous lamina") nicht fest mit der inneren Kernmembran verhaftet, da sie in den Kernbrücken vom schmaleren Typ — unmittelbar zwischen zwei inneren Kernmembranen liegend — die gleiche Breite von 80 Å (und nicht die doppelte Breite) besitzt, welche sie auch an den Kernsegmenten bzw. den Kernbrücken vom breiteren Typ — zwischen innerer Kernmembran und Heterochromatingranula liegend — aufweist (Herrlinger et al., 1967b). — Wir haben keine Anhaltspunkte dafür, daß die Kernbrücken in unserem Material mit Vorgängen der Amitose zusammenhängen, wie dies in Interrenalzellen von Rana temporaria der Fall ist (Pehlemann, 1968).

Kernporen sind seit ihrer Entdeckung durch Callan und Tomlin (1950) als charakteristischer Bestandteil der Kernmembranen bekannt. Trotz eingehender Untersuchungen ist die Kenntnis über ihren Bau noch recht lückenhaft. Eine Zusammenstellung der wichtigsten Daten und bisher vorgeschlagenen Modelle findet sich bei Nørrevang (1965) und Kessel (1968). Unsere Befunde lassen sich keinem der vorliegenden Modelle von Afzelius (1955), Wischnitzer (1958), Watson (1959) oder Gall (1967) ohne Zwang zuordnen. Sie stimmen dagegen in wesentlichen Punkten mit der Interpretation von Nørrevang (1965; Oocyten von Priapulus caudatus) überein. Daher stellen wir den folgenden *Modellvorschlag* zur Diskussion (Abb. 17): Äußere und innere Kernmembran bilden, einander entgegen, je eine kleine Mulde. Durch die Berührung der Böden beider Mulden entsteht das „Porendiaphragma", das nach unseren Befunden (nicht demonstriert) wahrscheinlich eine zentrale Öffnung freiläßt. Der Durchmesser jeder Mulde beträgt am Boden ca. 800 Å, am Oberrand ca. 1100 Å. Beiderseits des „Porendiaphragma" liegt in jeder Mulde ein Kranz („Annulus") aus 8 Kugeln („Subannuli"), dessen größter Durchmesser (ebenfalls ca. 1100 Å) sich in einer Ebene mit dem Oberrand der Mulde befindet. Die 8 Kugeln ragen zur Hälfte

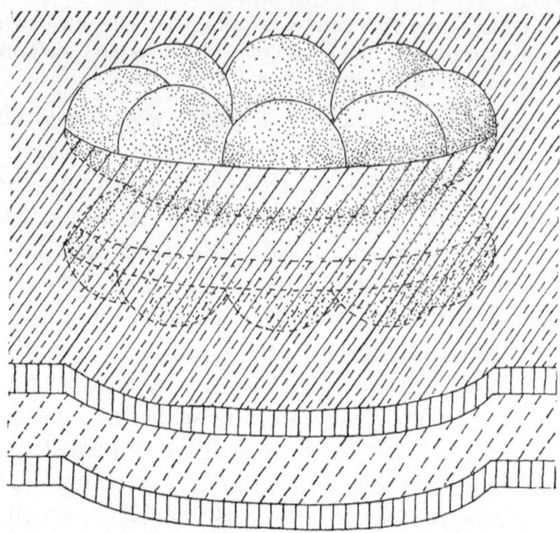

Abb. 17. Modell für den Bau einer Kernpore. Nach unserer Annahme besteht die Pore aus
zwei Kränzen („Annuli") von je 8 Kugeln („Subannuli"); der Äquator dieser Kugeln liegt
in der Ebene der äußeren bzw. inneren Kernmembran. Durchmesser der „Annuli" ca. 1100 Å,
Durchmesser der „Subannuli" ca. 300 Å. (Zeichnung: Frl. Dipl.-Phys. I. Schinko)

über diese Ebene der entsprechenden Kernmembran hinaus. — Für diesen Vorschlag haben wir folgende Begründung: Der größte Außendurchmesser eines
Annulus übersteigt bei unseren Messungen und bei denen der meisten anderen
Autoren (s. Kessel, 1968) den Durchmesser der Pore auf der Höhe des „Porendiaphragma". Der Annulus kann also, zumindest in diesen Fällen, nicht in der
Diaphragmaebene liegen. Dagegen paßt er sehr gut an den Oberrand der beiden
Mulden. Die Berührungsstelle von Annulus und Oberrand der Mulde ist jeweils
die Stelle, an der sich auf Abb. 5a—d die Kernmembran in zwei Linien aufzuspalten scheint. — In den bisherigen Modellen wird der Annulus meist als vom
Kerninneren zum Cytoplasma ziehender Zylinder, die Subannuli als in diesen
eingebettete zylindrische Kanälchen interpretiert (s. Kessel, 1968). Für die
zylindrische Natur besonders der Subannuli fehlen die Beweise; an senkrecht zur
Kernmembran geschnittenen Poren werden meist nicht einmal morphologische
Äquivalente für ihr Vorhandensein gefunden (Yoo und Bailey, 1967). Stattdessen
wird häufig nur von einer die vereinigten Kernmembranen überlagernden
„opaken Substanz" gesprochen (Stevens und Swift, 1966; Feldherr, 1966;
Yasuzumi et al., 1967), der für die Stoffwechselbeziehungen zwischen Kern und
Cytoplasma Bedeutung beigemessen wird. Eine Identität dieser Substanz mit der
„fibrous lamina" wird diskutiert (Fawcett, 1966; Feldherr, 1968). Auf unserer
Abb. 5c ist die opake Substanz in drei Bezirke unterteilt, deren Höhe und
Breite je ca. 300 Å messen. Vergleicht man diese Werte mit dem Durchmesser
eines Subannulus von Abb. 5e, i (ca. 300 Å), so fällt eine erstaunliche Übereinstimmung in der Größe auf. Wir nehmen an, daß die kleinen Bezirke im
senkrecht zur Kernmembran geführten Schnitt die gleichen Gebilde darstellen
wie die Subannuli im Tangentialschnitt; diese Gebilde müßten dann kugelige
oder gleichseitig polyedrische Gestalt haben. Eine annähernd kugelige Gestalt

halten wir auch deshalb für wahrscheinlich, weil die Subannuli auf Schräg-schnitten ihr kreisrundes Profil bewahren (s. Abb. 5e—g); bei zylindrischer Struktur wäre — zumindest bei stärker schrägen Schnitten — ein elliptisches Profil zu erwarten. Unsere Ansicht, daß zwei Kränze aus kugeligen Gebilden vorliegen, wird auch durch folgenden Befund gestützt: Wir finden auf unseren Bildern Annuli mit unterschiedlichem Außendurchmesser, wobei die kleineren keine Subannuli, sondern granuläre Untereinheiten geringeren Durchmessers erkennen lassen; dies entspräche einem Schnitt durch den Polbereich der 8 Kugeln. Eine weitere Unterstützung findet unsere Vorstellung in Untersuchungs-ergebnissen an Kernporen isolierter Kernmembranen mit der „negativ-staining"-Methode (Yoo und Bailey, 1967; Monroe et al., 1967; Franke, 1967; Wunderlich und Franke, 1968); hier ragen die Subannuli als „peripheral granules" (Yoo und Bailey) bzw. „globuläre Untereinheiten" aus der jeweiligen Kernmembran-ebene heraus.

Für die zentralen Subannuli (Abb. 5f) bzw. das zentrale Granulum schließen wir in gleicher Weise, daß sie kugelige Gestalt besitzen. Sie sind vielleicht kleiner als die peripheren Sub-annuli, da sie sich auf einem Schnitt mit einem geschlossenen Kreis deutlicher Subannuli gar nicht oder nur als Granulum, in Nähe des „Porendiaphragma" dagegen als circuläres Profil darstellen. Wir haben sie in unseren Modellvorschlag nicht einbezogen, da uns genauere Daten über ihre Zahl und Anordnung fehlen.

Schwierig ist die Beantwortung der Frage, in welcher Weise der Annulus mit der Kernmembran verbunden ist. Auch zu der weiteren Frage, ob der Annulus als Differenzierung der Kernmembran selbst anzusehen ist, oder ob er aus einem von der Kernmembran verschiedenen Material besteht, gibt es in der Literatur nur wenige Aussagen. Während Yoo und Bailey (1967) den zwischen Porenrand und Porenzentrum gelegenen „inner ring" mit dem Annulus gleichsetzen, betrachten ihn Wunderlich und Franke (1968) als einen Rest von in vivo in der Pore vor-handenem Material. Franke (1967) nimmt die Auflagerung eines „Annulus-materials" von veränderlicher Menge auf dem Porenrand an. Maggio et al. (1963) zeigen außer Poren, die mit opakem Material gefüllt sind, auch „leere"; neben einer „leeren" Pore liegt auf ihrer Abb. 8b ein Annulus. Dazu die Autoren: „The body...might be a displaced plug (annulus)." Gall (1967) erwägt die Möglichkeit, daß bei der Präparation isolierter Kernmembranen gelegentlich einzelne Annuli alleine auf der Objektträgerfolie haften bleiben, also von der Pore entfernt sein können. — Auch unsere Befunde liefern zu diesen Fragen kaum Anhaltspunkte: Auf Abb. 5g scheint die äußere Kernmembran an der Bildung der Subannuli beteiligt zu sein. Die dunklen Linien, die auf Abb. 5c die kleinen Bezirke voneinander trennen, könnten von der Kernmembran her-stammen; ebenso das von ihnen umhüllte Material, sofern die Kernmembran eine globuläre Unterstruktur (s. di Stefano, 1966; Sjöstrand, 1963, 1968) besitzt. Andererseits ist bei diesem Material jedoch auch an die Möglichkeit zu denken, daß es sich um ein andersartiges globuläres Protein handelt. So besteht z.B. eine erstaunliche Ähnlichkeit zwischen manchen Bildern von Annuli und den „kri-stalloiden Einschlüssen" in Zellkernen der Katzenmilz (Büttner, 1968a). Die Einschlüsse, deren (hexagonal angeordnete) einzelne Partikel einen Durchmesser von ca. 400 Å besitzen und von einem 60—80 Å breiten dichteren Material umgeben sind, werden von den Autoren als Protein gedeutet.

2. Sekret

Im SCO der Maus haben erstmals Wislocki und Leduc (1952) Vorgänge der *Sekretion* nachgewiesen: mit Chromhämatoxylin färben sich im supranucleären und, noch reichlicher, im apikalen Cytoplasma der Ependymzellen Granula dunkelblau an. Mit dem gleichen Färbeverfahren kommt Oksche (1961) zu dem Eindruck, daß das SCO der geschlechtsreifen Maus sekretarm sei. Der Autor sieht zwar eine allgemeine blaßblaue Anfärbung des Cytoplasma, findet jedoch nur gelegentlich an beiden Kernpolen feine Granula. Unsere Untersuchungen mit den elektiven Neurosekretfärbungen Chromhämatoxylin, Aldehydfuchsin und Aldehydthionin ergeben dagegen, daß das SCO der Maus durchaus sekretreich ist. Dazu muß allerdings betont werden, daß von den drei Farbstoffen nur Aldehydthionin das in erheblicher Menge vorhandene, doch möglicherweise gering konzentrierte helle Sekret als feine hellblaue Granulierung gut darstellt. Wir führen dies auf eine höhere Empfindlichkeit von Aldehydthionin für das subcommissurale Sekret zurück, wie sie Seitz (1964) gleichermaßen für das hypothalamisch-hypophysäre Neurosekret feststellt: „Infundibula, die im chromhämatoxylingefärbten Schnitt nur wenig Neurosekret zeigen, enthalten es gelegentlich im aldehydthioningefärbten Nachbarschnitt reichlich in fein verteilter Form." So ist zu verstehen, daß das helle Sekret bei der von Oksche angewandten Chromhämatoxylinfärbung nur als diffuse blaßblaue Anfärbung des Cytoplasma in Erscheinung tritt. Die von Wislocki und Leduc sowie von Oksche beschriebenen Granula dürften mit der von uns vorwiegend in apikalen Zellbereichen gefundenen dunkelblauen Sekretform identisch sein. Anscheinend hat auch die Fixierung Einfluß auf die Darstellbarkeit des Sekrets. So sehen wir im perinucleären Bereich bei Fixierung mit dem Susa-Gemisch nach Heidenhain eine feine hellblaue Granulierung, bei Fixierung mit dem Gemisch nach Romeis dagegen oft einzelne dunkelblaue Granula, die den apikal gefundenen gleichen. Dennoch kann man feststellen, daß die Lokalisation der lichtmikroskopisch dunkelblauen Sekretform mit der von elektronenoptisch dichten Sekretgranula weitgehend übereinstimmt.

Die *Entstehung des hellen Sekrets* geht in Ependym- wie in Hypendymzellen in unmittelbarer Nähe des Zellkerns vor sich. Der größte Teil des feinflockigen Materials wird in die perinucleäre Zisterne hinein gebildet und von dieser in Form heller Sekretsäckchen ins Cytoplasma abgeschnürt. Einige supranucleär gelegene Sekretsäckchen besitzen noch eine ribosomenbesetzte Hüllmembran, so daß die Sekretproduktion wahrscheinlich auch hier noch weitergeführt werden kann. Ein Teil des hellen Sekrets erfährt im Golgi-Apparat eine *Konzentration zu dichten Sekretgranula.* Dafür sprechen verschiedene Beobachtungen: 1. Hellblaue und dunkelblaue Sekretform unterscheiden sich bei elektiver Sekretfärbung hauptsächlich in der Dichte. 2. Der Golgi-Apparat ist polar aufgebaut. Auf seiner konvexen Seite, dem „forming face" (Mollenhauer und Whaley, 1963), sind die hellen Sekretsäckchen als „incoming vacuoles" (Daniels, 1964) zu finden. Die dichteren Golgi-Lacunen der konkaven Seite, des „mature face", entlassen kleinste mitteldichte Bläschen; offensichtlich entstehen aus einem Teil dieser „leaving vesicles" die dichten Sekretgranula. 3. Zellen, die nur ganz spärlich helle Sekretsäckchen enthalten, besitzen keine dichten Sekretgranula. — Wenn in manchen Zellen bei weitem nicht alles helle Sekret im Golgi-Apparat konzentriert wird, liegt dies wohl weniger an einer verminderten Aktivität des Golgi-Apparats (vgl. Zeigel und Dalton, 1962) als vielmehr an einer übermäßigen Sekretsynthese solcher Zellen. So zeigen Kramer und Poort (1968), daß in sekretorisch sehr aktiven Zellen des Pankreas das Sekretionsprodukt ebenfalls unter Umgehung des Golgi-Apparats unkonzentriert abgegeben wird. In Hypendymzellen ist allerdings die Konzentrationsrate besonders hoch, da in ihren „apikalen" Polen so gut wie niemals helles Sekret gefunden wird. — Auch im SCO anderer Species gehen die dichten Sekretgranula aus dem Golgi-Apparat hervor (Kröte: Murakami und Tanizaki, 1963; Kugelfisch: Murakami und Tanizaki, 1966; Pristella riddlei: Stanka, 1967). Bei der Ratte (Stanka et al., 1964) scheint die Sekretkonzentration ohne Einschaltung des Golgi-Apparats erst im apikalen Cytoplasma zu erfolgen. Beide Arten der Konzentration von hellem Sekret werden für das Meerschweinchen angenommen (Papacharalampous et al., 1968).

Das subcommissurale Sekret ist als Mucopolysaccharid-Protein-Komplex aufzufassen (s. S. 8). Es erhebt sich die Frage, ob sich die Tätigkeit des Golgi-Apparats auf den Wasserentzug aus dem Sekret beschränkt, wie dies u. a. Zeigel und Dalton (1962) und Rohr et al. (1967) für bestimmte Zellen mit Proteinsekretion annehmen. Ähnlich wie Schmalbeck und Rohr (1967) aus autoradiographischen Untersuchungen an den Brunnerschen Drüsen im Duodenum der Maus folgern, ist es möglich, daß auch hier im Golgi-Apparat zusätzlich die Mucopolysaccharide polymerisiert und mit dem Protein vereint werden (vgl. a. Peterson und Leblond, 1964). Unklar ist, ob der Mucopolysaccharidanteil des Sekrets ausschließlich vom Golgi-Apparat gebildet wird. Stanka (1967) hält dies für wahrscheinlich. Es ist jedoch durchaus denkbar, daß Vorstufen für die dort stattfindende Polymerisation vom perinucleären Zellbereich herstammen, am ehesten aus dem endoplasmatischen Reticulum, wie es Schmalbeck und Rohr für die Brunnerschen Drüsen erwägen. So findet Oksche (1962) im SCO zwar dort eine stärker positive PAS-Reaktion, wo das Chromhämatoxylin-Präparat dunkelblaue Granula zeigt; immerhin ist die Reaktion im Bereich des hellblauen Sekrets auch positiv. Auch Naumann (1968) stellt einen positiven Ausfall der PAS-Reaktion im Gebiet heller Sekretzisternen fest, der, falls die gesamte Synthese der Mucopolysaccharide im Golgi-Apparat vor sich geht, nur durch einen Sekretrückstau zu erklären ist. Isomäki et al. (1965) halten das flockige Material in den hellen Sekretsäckchen überhaupt nur für Mucopolysaccharide. Wir möchten eher annehmen, daß das flockige Material den an Ribosomen synthetisierten Proteinanteil des Sekrets darstellt, die Vorstufen der Mucopolysaccharide dagegen von diesem getrennt in Kernnähe entstehen und hier oder im Golgi-Apparat mit ihm vereint werden. Außer den hellen Sekretsäckchen schnürt die äußere Kernmembran offenbar auch die auf S. 25 erwähnten Vesikel mit zentral zusammengeballtem granulärem Inhalt ab. Diese liegen im peri- und supranucleären Cytoplasma zwischen den Sekretsäckchen und sind oberhalb des Golgi-Apparats nicht mehr zu finden. Vesikel ohne den charakteristischen Inhalt werden als Elemente des glatten endoplasmatischen Reticulum in vielen Zellen von der äußeren Kernmembran (Palade, 1955; Anderson, 1965; Poletti und Castellano, 1967) oder von freien Zisternen des endoplasmatischen Reticulum (Palade und Siekevitz, 1956) entlassen. Die bei der Maus (und der Ratte, s. Abb. 14 bei Stanka et al., 1964) vorhandenen Vesikel mit zentral zusammengeballtem granulärem Inhalt ähneln jenen in den Leberzellen der Ratte (Dallner et al., 1966), die Glykogen enthalten. Auch einige andere Autoren stellen eine Beteiligung von Vesikeln des glatten endoplasmatischen Reticulum an Speicherung und Freisetzung des Glykogens fest (Porter und Bruni, 1960; Coimbra und Leblond, 1966; Müller, 1968; aber vgl. a. Hager et al., 1967; Dvořák und Mazanec, 1967). Vielleicht besitzt auch der Inhalt unserer Vesikel Kohlenhydratnatur und steht in Beziehung zur Mucopolysaccharidkomponente des subcommissuralen Sekrets.

Der *Transport des dichten Sekrets* in apikaler Richtung kann vermutlich auf zweierlei Weise erfolgen: zu einem Teil in Form der dichten Sekretgranula, zum anderen in „unsichtbarer" Form. Ein Verschwinden des Sekrets oberhalb des Golgi-Apparats, wie wir es licht- und elektronenmikroskopisch feststellen, wird z.B. auch von Naumann (1968, Lampetra planeri) nach elektiver Neurosekret-färbung beobachtet. Der Autor nimmt eine Umwandlung in eine Transportform an, die nach Sterba (1962) in einer Hydratation des Sekrets bestehen könnte. Sterba et al. (1967) und ähnlich Papacharalampous et al. (1968) erörtern die Möglichkeit, daß das dichte Sekret innerhalb kleiner Kanälchen vom Golgi-Apparat apikalwärts gelangt. Analog erwägt Andres (1965, Bulbus olfactorius der Ratte) den Transport von Transmittersubstanz in Neurotubuli längs Axonen (vgl. a. Sandborn, 1964). An unserem Untersuchungsgut fällt auf, daß die für den apikalen Zellabschnitt charakteristischen Mikrotubuli zum größten Teil auf der Höhe des Golgi-Apparats beginnen. Sie enthalten ein mitteldichtes Material. Sucht man nach einer Beziehung zwischen den „schlauchförmigen Strukturen" mit einem Durchmesser von 50 mμ (Sterba et al., 1967), den „winzig kleinen Granula und länglichen Strukturen" (Papacharalampous et al., 1968) und den kleinsten Golgi-Bläschen und Mikrotubuli in unseren Befunden, so bietet sich die Hypothese von van Lennep (1964) an, nach der Mikrotubuli durch Elongation aus bestimmten Golgi-Vesikeln entstehen. Die oben genannten Strukturen könnten verschiedene Stufen dieses Vorgangs darstellen. Unter Umständen gelangt also dichtes Sekret, ohne daß es zur Bildung von Granula im Bereich des Golgi-Apparats kommt, aus den Golgi-Bläschen über die Mikrotubuli zum apikalen Zellpol. Es ist wenig wahrscheinlich, daß dort aus dem Tubuliinhalt Granula entstehen.

Der Mechanismus der *apikalen Sekretabgabe in den Ventrikel* wurde auf S. 29 für die hellen Sekretsäckchen und die dichten Sekretgranula beschrieben. Außerdem ziehen wir in Betracht, daß dichtes Sekret durch die Mündung der Mikrotubuli im apikalen Plasmalemm direkt in den Liquor gelangt. Auch bei anderen Species geben die subcommissuralen Ependymzellen helles (Lampetra planeri: Müller und Sterba, 1965; Kugelfisch: Murakami und Tanizaki, 1966; Ratte: Lin und Chen, 1969) oder dichtes Sekret (Kröte: Murakami und Tanizaki, 1963) oder beide Sekretformen (Ratte: Stanka et al., 1964; Meerschweinchen: Papacharalampous et al., 1968) in den Ventrikel ab. — Das Vorkommen von homogen-granulären und vesiculären apikalen *Ependymprotrusionen* im SCO mehrerer Species, an anderen circumventriculären Organen und an der normalen Ventrikelwand wird von Papacharalampous et al. (1968) ausführlich diskutiert. Die Autoren kommen für das Meerschweinchen zu dem Schluß, daß die Abschnürung der homogenen Protrusionen eine Art apokriner Sekretion darstellt, bei der die Wirkstoffe von ins Cytoplasma entleerten Sekretsäckchen abgegeben werden. Wir können weder bei den homogen-granulären noch bei den vesiculären Protrusionen im SCO der Maus Sekretsäckchen oder -granula beobachten. Für die vesiculären Protrusionen nehmen wir an, daß ihre kleinen dichten und größeren weniger dichten Bläschen aus erweiterten Mikrotubuli entstehen. Dienen die Mikrotubuli tatsächlich dem Transport von dichtem Sekret, so ist auch der Inhalt der Bläschen als solches anzusehen. Da beide Protrusionsarten auch am Ependym der Umgebung des SCO (Stanka, 1967), des 3. und 4. Ventrikels (Leonhard und Lindner, 1967) und des Rückenmarkskanals (Stanka, 1968) beobachtet werden, ist die Abschnürung apikaler Zellbereiche offenbar keine Besonderheit sekretorisch differenzierter Ependymzellen.

Die *basale Sekretabgabe* im SCO zeigt starke Speciesunterschiede (s. Papacharalampous et al., 1968). Ob Fortsätze von Ependym- bzw. Hypendymzellen die *Membrana gliae limitans superficialis* oder *Blutgefäße* überhaupt erreichen, hängt einerseits von der Dicke der Commissura posterior and andererseits vom Differenzierungsgrad peripherer Zellstraßen sowie hypendymaler Zellverbände ab (Oksche, 1961). Da diese letztgenannten Strukturen im SCO der adulten Maus nicht sehr reichlich ausgebildet sind, hält Oksche (1961) dessen Entwicklung für regressiv. Nach unseren lichtmikroskopischen Befunden sind die peripheren Verbindungen des SCO keineswegs so gering. Rostral durchqueren etliche Zellstränge aus sekretorisch aktiven Subcommissuralzellen die dünne Commissur und erreichen den tiefen Piatrichter einer größeren Vene, d.h. die Membrana gliae limitans superficialis bzw. perivascularis. Caudal durchdringen die Gefäße ihrerseits die dickere Commissur und treten mit dem Organ in Beziehung. — Bezüglich der Feinstruktur ist vor allem die Klärung der Frage von Bedeutung, ob und in welcher Form die subcommissuralen Zellen unmittelbaren Kontakt zu den Capillaren aufnehmen, wieweit also die Morphologie Schlüsse auf eine endokrine Funktion des Organs zuläßt. Für die basalen Ependymzellfortsätze halten wir eine Sekretabgabe in den Blutstrom für äußerst unwahrscheinlich: Sie sind von der capillaren Basalmembran fast stets durch eine Schicht von Astrocytenfortsätzen getrennt, enthalten nur zum Teil Sekret in Form heller Sekretsäckchen und lassen nicht die geringsten Anzeichen einer Sekretabgabe erkennen. Anhaltspunkte für einen Sekrettransport vermittels der astrocytären Trennschicht, wie er von Palkovits (1965) angenommen wird, können wir aus unseren Befunden nicht ableiten. Wir nehmen vielmehr an, daß die Ependymzellen in ihrer Sekretionstätigkeit unipolar auf den Ventrikel zu gerichtet sind. Die basalen Anhäufungen von hellem Sekret halten wir für eine Art Depot, in dem perinucleär gebildete Sekretsäckchen zusammenfließen (vgl. auch Hofer, 1958). Auch bei Pristella riddlei (Stanka, 1967) und beim Kalb (Isomäki et al, 1965) werden in basalen Ependymfortsätzen keine dichten Sekretgranula beobachtet; für diese Species wird keine basale Sekretion angenommen. Eine andere Situation liegt beim Kugelfisch (Murakami und Tanizaki, 1966) vor, bei dem die basalen Fortsätze mit ihrem Verlauf an Dichte zunehmendes Sekretmaterial zeigen; hier schließen die Autoren auf eine bipolare Sekretion der Ependymzellen. — Für die „apikalen" Pole der sekretorischen Hypendymzellen kommt eine Sekretabgabe in die Capillaren viel eher in Betracht. Sie grenzen weit häufiger unmittelbar an die dünne Basalmembran. Sie enthalten dichte Sekretgranula, deren Durchmesser in Richtung auf das Gefäß abzunehmen scheint; dies mag der Beginn einer molekularen Dispersion des Sekrets vor seinem Übertritt ins Gefäß sein, wie er von mehreren Autoren für wahrscheinlich gehalten wird (Schmidt und d'Agostino, 1966; Stanka et al., 1964). Als Vergleich lassen sich die Befunde von Scharrer (1968) an bestimmten peptidergen Neuronen anführen; dort wird das Neurosekret vor seiner Freisetzung ebenfalls erst in kleine „clear vesicles" zersplittert und in diffuser Form an das Plasmalemm angelagert. Des weiteren ist an eine direkte Abgabe dichten Sekrets durch am Plasmalemm mündende Mikrotubuli zu denken. Schließlich ist es möglich, daß das vereinzelt — z.B. im Zentrum von Zellrosetten — extracellulär anzutreffende dichte Sekret längs des Intercellularspalts zu den Gefäßen gelangt. So wenig wie an den Zellen des

Ependyms sehen wir an denen des Hypendyms einen Hinweis auf bipolare Sekretion (vgl. Hofer, 1964).

3. Weitere Zellstrukturen

Neben jenen *Mikrotubuli*, deren Bedeutung für den Sekrettransport erörtert wurde, kommen andere, die in Büscheln auf die Basalkörper von Cilien konvergieren, für die Verankerung der Cilien in Betracht. — *Mikropinocytosevesikel* am apikalen Plasmalemm von subcommissuralen Ependymzellen werden auch bei anderen Species gefunden (Gecko japonicus: Murakami et al., 1962; Kalb: Isomäki et al., 1965; Kugelfisch: Murakami und Tanizaki, 1966; Pristella riddlei: Stanka, 1967). — Periodisch gestreifte *Cilienwurzeln* kommen beim Kugelfisch, bei der Kröte, der Ratte, dem Meerschweinchen und dem Kalb vor. In Hypendymzellen, die öfters Cilien tragen, sind sie indessen nicht anzutreffen. Auch in den dem SCO benachbarten „gewöhnlichen" Ependymzellen fehlen sie. Hier ziehen von den Basalkörpern nur Büschel von dicht gepackten Mikrotubuli zu den darunterliegenden Mitochondrien. — *Mißgebildete Cilien* sind auch im SCO der Ratte (Stanka et al., 1964) vorhanden. Man könnte mit Dahl (1967), der Cilien vom $9+0$- bzw. $8+2$-Muster in der Adenohypophyse der Maus fand, der Meinung sein, daß solche oder andere Abnormitäten auf eine rudimentäre Natur der (hier funktionslosen) Cilien hinweisen. Dann ist jedoch verwunderlich, daß keine der in sekretorischen Hypendymzellen gefundenen Cilien mißgestaltet ist. Die in Subcommissuralzellen im Vergleich zu den benachbarten „gewöhnlichen" Ependymzellen geringe Anzahl von Mitochondrien am Basalkörper der Cilien spricht allerdings für eine verminderte Bewegungsaktivität. Die Mehrzahl der von uns beobachteten Cilienmißbildungen kann man ohne weiteres einer der beiden von Dahl (1963) angegebenen Möglichkeiten zuordnen: 1. Verlust der beiden zentralen Tubuli. 2. Hinzukommen zusätzlicher Tubuli. Die Funde von $8+2$-Mustern mit und ohne Lücke können die Annahme des Autors bestätigen, daß nach dem Verschwinden beider zentraler Tubuli ein peripheres Tubuluspaar in die Mitte rückt, die im peripheren Ring entstandene Lücke sich schließt und so aus dem $9+0$- das $8+2$-Muster entsteht. Dagegen läßt sich ein $7+2$-Muster nach dieser Theorie allenfalls durch ein abermaliges Verschwinden der beiden zentralen Tubuli und Nachrücken eines weiteren peripheren Tubuluspaares erklären. Bei $8+4$-Anordnung müßte ein peripheres Tubuluspaar in die Mitte geschoben sein, ohne daß ein Verlust der beiden zentralen Tubuli eingetreten ist.

Das Vorkommen von *neuronalen Fortsätzen* im Ventrikellumen ist kein seltener Befund (Lit. bei Rudert et al., 1968). Derartige Fortsätze finden wir ausschließlich über dem „gewöhnlichen" Ependym, niemals über dem SCO.

Die im SCO der Maus beobachteten *konzentrisch angeordneten Membranpaare* bzw. Zisternen des rauhen endoplasmatischen Reticulum unterscheiden sich in gewisser Hinsicht von denen bei anderen Species. Während die Membranpaare hier in Hypendymzellen liegen, werden sie bei anderen Tieren in subcommissuralen Ependymzellen (supra- bzw. infranucleär) angetroffen (Kugelfisch: Murakami und Tanizaki, 1966; Kröte: Murakami und Tanizaki, 1963; Meerschweinchen: Vigh et al., 1967; Papacharalampous et al., 1968; Schaf: Barlow et al., 1967; Kalb: Isomäki et al., 1965). Die konzentrischen Zisternen des rauhen endoplasmatischen Reticulum beim Meerschweinchen, die ganz offensichtlich helle Sekretsäckchen abschnüren, gleichen denen auf unserer Abb. 14a. Einige der „lamellar bodies" bei der Kröte scheinen kleine Vesikel zu bilden, ähnlich wie die Membranpaare auf Abb. 14b und c. Über die Bedeutung der konzentrischen Membranpaare ist wenig bekannt. Murakami und Tanizaki (1963) meinen, daß die „lamellar bodies" an der Synthese bestimmter, möglicherweise sekretorischer Substanzen teilnehmen; dabei stützen sie sich auf den positiven Ausfall von Paraldehyd-Fuchsin- und PAS-Färbung in der infra- und supranucleären Zellregion. In andersartigen Zellen wird konzentrischen Zisternen des rauhen endoplasmatischen Reticulum eine Bedeutung für die Synthese von Export-Protein (Björkman, 1968) oder von anderen Sekretionsprodukten (Carr und Carr, 1962; Stein, 1962) beigemessen. Möglicherweise ist für diese Anordnung eine Platzersparnis maßgebend (Papacharalampous et al., 1968). Es fragt sich allerdings, auf welchem Weg Sekret aus dem System der konzentrischen Membranpaare hinausgelangen kann, da besonders die Vesikel hauptsächlich ins Zentrum abgeschnürt werden. Auf unserer Abb. 14e und z.B. auf Abb. 8 von Murakami und Tanizaki (1963) sind keinerlei abgelöste Sekretionsprodukte innerhalb des Membransystems zu sehen. Die Membranpaare sind hier besonders dicht gepackt, ihr Ribosomenbesatz ist stark reduziert. Hier könnte eine Lagerung von momentan nicht zur Sekretsynthese benötigten Membranen des endoplasmatischen Reticulum vorliegen, wie es Morimoto et al. (1968) an anderen Objekten beobachten. Stoeckel und Porte (1966) bezeichnen derartige konzentrische Membranpaare als „complexes inactives". Wir haben keinen Anhalt dafür, in den Membransystemen Zeichen einer Degeneration oder einer nach Zellschädigung einsetzenden hypertrophischen Regeneration zu sehen, was für ähnliche, experimentell hervorgerufene Strukturen angenommen wird (Herman und Fitzgerald, 1962; Krishan et al., 1968). Ebensowenig halten wir sie für den Bildungsort von nennenswerten Mengen an neuem endoplasmatischem Reticulum; dies ist vor allem in schnell wachsenden Zellen der Fall (Bjersing, 1967). Eng gepackte konzentrische Membranpaare ohne jeglichen Ribosomenbesatz beschreiben Weindl et al. (1968) im Gefäßorgan der Lamina terminalis. Bei ähnlichen Bildungen z.B. im akustischen Ganglion (Rosenbluth, 1962), im Nucleus geniculatus lateralis (Colonnier und Guillery, 1964) und in Oligodendrogliomen (Robertson und Vogel, 1962) vermuten die Autoren, daß es sich um zu Lamellen ausgezogene Zellfortsätze handelt (vgl. auch Hager und Blinzinger, 1965).

4. Variabilität der subcommissuralen Zellen

Für die Deutung der *dunklen Zellen*, die wir wegen ihres auffallenden Gehalts an geschwollenen Sekretvacuolen auch Vacuolen-Zellen nennen, kommen verschiedene Möglichkeiten in Betracht. Man kann sie auffassen als 1. eigenständigen Zelltyp, 2. irreversibles Endstadium der Zellalterung, 3. Zustandsbild einer Phase im Funktionscyclus. Vigh et al. (1967) finden im SCO des Meerschweinchens hellere und dunklere Zellen, die sie wegen des unterschiedlichen Sekretgehalts für verschiedene Stadien im Sekretionsprozeß halten. Papacharalampous et al. (1968) fassen die Vacuolen-Zellen im SCO des Meerschweinchens als eigenständigen Zelltyp auf. Die Autoren beobachten keine Übergangsformen zwischen normalen Subcommissuralzellen und Vacuolen-Zellen und an diesen auch keine Zeichen einer Cytolyse. Im SCO der Maus dagegen existieren Übergangsformen zwischen

dem Prototyp subcommissuraler Zellen und den Vacuolen-Zellen, so daß die
Zuordnung einzelner Formen oft schwer ist. Wir kommen daher zu dem Schluß,
daß die Vacuolen-Zellen hier eine bestimmte Funktionsphase darstellen, welche
anscheinend mit Zeichen der Degeneration — Kernpyknose, Cytoplasmaverdich-
tung, Störung der Membranen des endoplasmatischen Reticulum mit Schwellung
der Sekretsäckchen — einhergeht (vgl. Murakami und Tanizaki, 1966). Dabei
kann es sich sowohl um einen momentanen Erschöpfungszustand mit nach-
folgender Erholung als auch um den Untergang überalterter Subcommissuralzellen handeln. Mit der großen Sekretmenge, die typische Vacuolen-Zellen zeigen,
ist ein vorübergehender Erschöpfungszustand gut vereinbar; er findet sich auch
in anderen sezernierenden Zellen, z.B. in den Brunnerschen Drüsen (Vaissalo,
1968). Beim Untergang überalterter Zellen, für den manche Bilder von Cyto-
und Karyolyse sprechen, ist eine letzte maximale sekretorische Aktivität zwar
wenig wahrscheinlich, aber nicht ausgeschlossen. Sieht man von ihren Sekretvacuolen ab, so kann man die Vacuolen-Zellen mit „dunklen Zellen" in anderen
Organen vergleichen. Für die Entstehungsweise solcher Zellen mit Verdichtung
von Kern und Cytoplasma fehlt bisher eine sichere Erklärung. Stoeckel und
Porte (1966) halten es für möglich, daß eine plötzliche Dehydrierung im Augen-
blick der Fixierung Zellen, die sich in einer hyperaktiven Funktonsphase be-
finden, in der genannten Weise verändert. Diese von den Autoren für dunkle
Zellen der Parathyreoidea (Maus) aufgestellte Vermutung mag auch für die
Vacuolen-Zellen in unserem Objekt zutreffen, da der extreme Sekretreichtum
dieser Zellen sowie ihr intakter und offenbar recht aktiver Golgi-Apparat sehr
wohl als Ausdruck einer hyperaktiven Funktionsphase gelten können.

Schlußbetrachtung

Wie die einleitenden Literaturzitate zeigen, ist das SCO bereits bei einer
großen Zahl von Wirbeltierarten licht- wie elektronenmikroskopisch untersucht.
Zudem existiert eine ganze Reihe von Arbeiten, welche eine umfassende
Zusammenschau der Problematik des SCO in bezug auf Morphologie und Funktion
bieten (Oksche, 1961, 1969; Palkovits, 1965; Mautner, 1965; Meinel, 1967;
Sterba, 1969; u.a.). Aus derartigen Übersichten und ebenso aus der Erörterung
unserer Befunde geht hervor, daß es sich bei den meisten der morphologisch
differenten Befunde bei bestimmten Species nur um *quantitative Abweichungen
von einem cytodynamischen Grundprinzip* des Organs handelt; die Abweichungen
werden durch specieseigentümlich starke Ausprägungen oder aktivitätsabhängige
Verschiebungen allgemeiner Strukturmerkmale dargestellt. In diesem Sinne ist
z.B. die Zerklüftung der subcommissuralen Zellkerne bei der Maus als — in
ihrer Bedeutung allerdings noch nicht ganz geklärte — quantitative Variante
aufzufassen. Es ist nicht anzunehmen, daß regelmäßig konturierte und zerklüftete
Kerne die Synthese von Ribonucleinsäuren, d.h. ihren Beitrag zur Proteinsynthese, auf grundsätzlich verschiedene Weise durchführen. Ebenso ist es für
die chemische Zusammensetzung des feinflockigen Sekrets — von uns als
Proteinanteil des Sekretkomplexes gedeutet — unwesentlich, ob seine Bildung
an der ribosomenbesetzten äußeren Kernmembran in die perinucleäre Zisterne
(Maus) erfolgt oder in kleinere (Meerschweinchen) bis sehr große (Lampetra

planeri) frei im Cytoplasma verstreute Zisternen des rauhen endoplasmatischen Reticulum. Über die Entstehung der Mucopolysaccharidkomponente des Sekrets kann noch keine sichere Aussage gemacht werden; doch werden künftige, insbesondere autoradiographische Untersuchungen wohl auch hierfür ein einheitliches Prinzip aufdecken. Die weitere Verarbeitung des Sekretkomplexes im Golgi-Apparat, die Konzentration des Sekretproteins und seine Vereinigung mit dem Mucopolysaccharidanteil, meinen wir ebenfalls bei allen Species postulieren zu dürfen. Wenn dies z. B. bei der Ratte (Stanka et al., 1964) nicht beobachtet werden konnte, so vielleicht deshalb, weil bei dieser Species der „unsichtbare" Transport des konzentrierten Sekretkomplexes nach apikal überwiegt, ohne daß im Bereich des Golgi-Apparats Sekretgranula gebildet werden (s. S. 54). Die apikale Abgabe der zwei verschiedenen Sekretformen läßt ebenfalls quantitative Unterschiede erkennen: bei der einen Species werden offenbar vorwiegend helle Sekretsäckchen, bei der anderen fast nur dichte Sekretgranula oder längliche Gebilde, bei einigen beide Formen zu etwa gleichen Teilen freigesetzt. Unabhängig davon führt die apikale Sekretion zur Bildung des Reissnerschen Fadens, der bis in die Endampulle des Rückenmarkkanals reicht und dessen tägliche Wachstumsrate (vgl. Sterba, 1969) ein gewisses Maß für die Sekretionsleistung des Organs darstellt.

Ein *Problem von qualitativer Bedeutung* stellt die Frage nach Abgabe von subcommissuralem Sekret in die Blutbahn insofern dar, als mit ihr eine mögliche endokrine Funktion des SCO unweigerlich verknüpft ist. Für die Abgabe kommen zwei Wege in Betracht: 1. unmittelbar in die Capillaren des SCO, 2. mittelbar — über den Reissnerschen Faden und dessen Abbau — in die Gefäße im Bereich der Endampulle (vgl. Oksche, 1969). Es ist denkbar, daß beide Wege nebeneinander benützt werden und die Prävalenz des einen oder des anderen specieseigentümlich ist. In dieser Arbeit beschäftigt uns der unter 1. genannte Weg. Es ist außerordentlich schwierig, den Sekretübertritt in die hypendymalen Capillaren morphologisch hinreichend zu belegen, da die Substanz wahrscheinlich in molekularer Dispersion permeiert. So spricht der Umstand, daß bei den meisten bisher untersuchten Species derartige Vorgänge nicht beobachtet werden konnten, durchaus nicht gegen ihr Vorhandensein. Die bei der Untersuchung einiger weniger Species zugunsten einer basalen Sekretabgabe in die Gefäße vorgebrachten Argumente halten wir daher für äußerst wichtig. — Freilich darf eine Sekretabgabe aus dem SCO ins Blut — ob sie nun auf dem einen Weg oder auf dem anderen oder auf beiden erfolgt — nicht von vornherein mit einer *endokrinen Funktion* gleichgesetzt werden. Um eine solche zu postulieren, müßte erst der Hormoncharakter der abgesonderten Stoffe, also auch ihr Wirkungsort bekannt sein. Die beschreibende Morphologie allein ist nicht imstande, die aufgestellten Hypothesen einer endokrinen Funktion des Organs — u.a. Regulation des Salz-Wasserhaushalts bzw. des Durstes, Beeinflussung des Blutdrucks (s. Sterba, 1969) — zu verifizieren oder zu widerlegen.

Dieses Eingeständnis sollte aber nicht dazu führen, funktionelle Erwägungen nur auf den morphologisch so eindrucksvollen Reissnerschen Faden zu beschränken und diesem darüber hinaus lediglich lokale Bedeutung, z.B. der Liquorentgiftung, beizumessen. Vielmehr scheinen uns die Beziehung der Subcommissuralzellen (und des subcommissuralen Sekrets, einschließlich des Reissnerschen

Fadens) zu den Blutgefäßen und die Möglichkeit des Sekrettransports über die Basalmembran der wichtigste Ansatzpunkt zur weiteren Erforschung des SCO zu sein. Elektronenmikroskopisch-autoradiographische Untersuchungen mit ^{35}S-Cystin oder anderen markierten Substanzen am SCO normaler und unter gezieltem Stress stehender Tiere könnten weitere Ergebnisse über die Orte der Sekretfreisetzung erbringen und die Frage klären, ob und wie weit experimentelle Bedingungen auf eine vorherrschende Sekretionsrichtung des Organs Einfluß zu nehmen vermögen.

Zusammenfassung

Das Subcommissuralorgan der Maus besteht aus je einer Pars supra-, prae-, sub- und retrocommissuralis. Im subcommissuralen Teil wird das meist mehrreihige Ependym an bestimmten Stellen von Hypendym unterlagert. Lichtmikroskopisch lassen sich mit elektiven Neurosekretfärbungen in Ependym wie Hypendym zwei Formen von Sekret darstellen: hellblaue allerfeinste Granula im peri- und supranucleären, dunkelblaue gröbere Granula im apikalen Zellbereich. Sekretorische Hypendymzellen sind vereinzelt zu Zellrosetten angeordnet, die zwar keine zentrale Lichtung, jedoch Ansammlungen von dunkelblauem Sekret in den aneinanderstoßenden Zellpolen zeigen.

Das elektronenmikroskopische Erscheinungsbild der Subcommissuralzellen reicht von hellen, sekretarmen Zellen bis zu solchen mit verdichtetem Cytoplasma, vielen Sekretvacuolen und pyknotischem Kern. Beide Formen werden als extreme Varianten eines einzigen organspezifischen Zelltyps (Prototyp) aufgefaßt, da sie in wesentlichen Merkmalen übereinstimmen und zwischen ihnen sämtliche Abstufungen vorkommen. Für die Umbildung zu Vacuolen-Zellen werden als Ursachen sekretorische Hyperaktivität und Zellalterung diskutiert.

Der Prototyp der Ependymzelle besitzt einen stark zerklüfteten Zellkern. Die einzelnen Kernsegmente sind durch schmale, flächig ausgedehnte Kernbrücken miteinander verbunden; bei diesen werden zwei Bautypen unterschieden. Mit Hilfe eines Punktzählverfahrens wurde ermittelt, daß die Oberfläche der Kerne im Mittel um den Faktor 2,4 größer ist als die von ungebuchteten ovoiden Kernen gleichen Volumens. (Vergleichsbestimmungen an den mäßiger gebuchteten subcommissuralen Zellkernen von Ratte und Meerschweinchen ergeben den Faktor 1,3 bzw. 1,2.) Die ungewöhnlich große Kernoberfläche wird in Zusammenhang mit der besonderen Art der Sekretbildung und dem Stoffaustausch zwischen Kern und Cytoplasma gebracht. Die Kernmembranen sind mit zahlreichen Poren versehen. Für den Feinbau der Kernporen wird folgendes Modell diskutiert: Es werden zwei übereinanderliegende Kränze („Annuli") von je acht Kugeln („Subannuli") angenommen, wobei der Äquator der Kugeln in der Ebene der äußeren bzw. inneren Kernmembran gelegen ist. — Das Sekret der Subcommissuralzellen entsteht zum ganz überwiegenden Teil in den perinucleären Zisternen; von diesen werden helle Sekretsäckchen ins Cytoplasma abgeschnürt. Ein Teil des Sekrets wird im Golgi-Apparat zu dichten Granula konzentriert. Im supranucleären und apikalen Cytoplasma finden sich viele Mikrotubuli, von denen einige offenbar am lateralen oder apikalen Plasmalemm münden; als mögliche Funktion der Mikrotubuli wird der Transport von dichtem Sekret erörtert. Helle Sekretsäckchen und dichte Sekretgranula werden in das Ventrikellumen abgegeben. Manche Ependymzellen besitzen apikale Protrusionen mit vesiculärem oder homogen-granulärem Inhalt. Neben normalen Cilien kommen atypische Cilienformen vor.

Die meisten Zellen im Hypendym gleichen den Ependymzellen und bilden wie diese helle Sekretsäckchen und dichte Sekretgranula (sekretorische Hypendymzellen); als „apikale" Pole werden an ihnen Bereiche aufgefaßt, die mit Cilien und Desmosomen ausgestattet sind und reichlich dichte Sekretgranula und Mikrotubuli enthalten. Im Zentrum von Zellrosetten laufen die „apikalen" Pole sekretorischer Hypendymzellen sternförmig aufeinander zu. Konzentrisch geschichtete Membranpaare des endoplasmatischen Reticulum werden im Cytoplasma von Hypendymzellen beobachtet. Außer den organspezifischen Zellen finden sich im Hypendym vereinzelt Oligodendrocyten, protoplasmatische und filamentäre Astrocyten sowie Mikrogliazellen.

Die subcommissuralen Capillaren besitzen ein schmales Endothel, dessen Cytoplasma neben vielen Mikropinocytosevesikeln gelegentlich kleine Bläschen mit dichtem Inhalt aufweist. Die Basalmembran zeigt ausnahmsweise eine senkrecht zu ihrem Verlauf gerichtete Streifung. Ein echter Perivasculärraum ist nicht vorhanden. Zwischen der Basalmembran von Capillaren und den infranucleären Bereichen von Ependymzellen schieben sich meist Astrocytenfortsätze ein; „apikale" Pole von sekretorischen Hypendymzellen reichen dagegen oft unmittelbar an die Basalmembran. Die Möglichkeit einer Sekretabgabe in die Blutgefäße wird erörtert.

Die Grenzen des SCO zum „gewöhnlichen" Ependym und zum benachbarten Neuropil sind durch eine Schicht von Astrocytenfortsätzen gekennzeichnet. An der Grenze des Organs zur hinteren Commissur existiert meist keine Trennschicht; organeigenes Gewebe berührt die myelinumhüllten Axone oder dringt zwischen diese ein.

Light and Electron Microscopic Studies
on the Subcommissural Organ of the Mouse

Summary

The subcommissural organ (SCO) of the mouse is composed of a Pars supra-, prae-, sub-, and retrocommissuralis. In the subcommissural part the usually pseudostratified ependyma at certain sites is underlayed by hypendyma. With the light microscope elective-staining methods for neurosecretion reveal two sorts of secretory material: finest light-blue granules in the peri- and supranuclear cytoplasm, coarser dark-blue granules in the apical part of the cell. Occasionally secretory hypendymal cells are arranged in form of rosettes, lacking a central lumen but showing accumulations of dark-blue secretory material in the converging cell poles. In the electron microscopic appearance of the subcommissural cells there is a scale from light cells having only few light secretory sacs to cells with a dense cytoplasm, many secretory vacuoles, and a pyknotic nucleus. Both forms are regarded to be extreme variants of one organ-specific cell type (prototype), since they have common essential characteristics; all gradations in between them are found. As to the cause for the transformation of prototype cells to vacuole cells secretory hyperactivity and cell aging are discussed.

The prototype of ependymal cells possesses an extremely indented nucleus. The nuclear segments are connected by thin septal nuclear bridges, two types of which can be distinguished. Using a point counting method, the average increasing factor of the nuclear surface was determined to be 2.4 compared with the surface of not indented ovoid nuclei having the same volume. (For the lesser bulged cell nuclei of rat and guinea pig SCO this factor was found to be 1.3 and 1.2, respectively.) The unusual large nuclear surface is discussed with regard to the particular initial steps in elaborating the secretory product, characteristic for the mouse SCO, and to nuclear-cytoplasmic exchange, as well. At the nuclear envelope numerous pores are observed. A model for the structure of the pores is discussed: Two circles ("annuli") are supposed to lie one upon the other, each of them consisting of eight spheres ("subannuli"), the equator of the spheres lying in the plane of the outer and the inner nuclear membrane, respectively. Most of the subcommissural secretory product originates within the perinuclear cisternae, from which light secretory sacs are separated into the cytoplasm. Partly the secretory material is concentrated to dense granules in the Golgi apparatus. In the supranuclear and apical cytoplasm many microtubuli are found, several of them obviously opening in the lateral or apical plasmalemma; as a possible function of the microtubuli the transport of dense secretory material is considered. Light secretory sacs and dense secretory granules are delivered into the ventricular lumen. Some ependymal cells possess apical protrusions with a vesicular or homogeneous granular content. Besides normal cilia, atypical forms of cilia are found.

Most of the cells in the hypendyma resemble ependymal cells; like them they contain secretory sacs and dense secretory granules. Cell regions with many dense secretory granules and microtubuli, cilia and desmosomal connections are analogically called "apical" poles of secretory hypendymal cells. In the center of cell rosettes the "apical" poles of secretory hypendymal cells converge radially. In the cytoplasm of hypendymal cells concentrically arranged pairs of membranes of the endoplasmic reticulum are observed. Besides the organ-specific cells within the hypendyma few oligodendrocytes, protoplasmic and filamentous astrocytes and microglia cells are found.

The blood capillaries of the SCO are lined by a thin endothelium; in its cytoplasm besides many micropinocytotic vesicles occasionally some vesicles with a denser content are found. Rarely the basement membrane shows a linear pattern perpendicular to its course. There does not exist a true perivascular space. Prolongations of astrocytes are interposed between the basement membrane of the blood capillaries and the infranuclear regions of the ependymal cells; on the other hand some "apical" poles of secretory hypendymal cells contact the basement membrane. A release of secretory material into the blood vessels seems possible.

The borders of the SCO towards the "common" ependyma and towards the neighbouring neuropil are marked by a layer of astrocytic cell processes. Towards the commissura posterior, in general, no separating tissue is interposed; tissue of the SCO touches the myelinated axons or protrudes between them.

Anmerkung: Herrn Prof. Dr. med. R. Wetzstein danke ich für die Anregung zu dieser Arbeit und für vielfache Beratung bei ihrer Durchführung. Frau Dipl.-Phys. A. Schwink verdanke ich die elektronenmikroskopischen Aufnahmen und wertvolle Diskussionen. Frau H. Asam sei für ausgezeichnete technische Hilfe gedankt.

Literatur

Afzelius, B. A.: The ultrastructure of the nuclear membrane of the sea urchin oocyte as studied with the electron microscope. Exp. Cell Res. **8**, 147—158 (1955).

— Cilia and flagella that do not conform to the 9 + 2 pattern. I. Aberrant members within normal populations. J. Ultrastruct. Res. **9**, 381—392 (1963).

— Olsson, R.: The fine structure of the subcommissural cells and of Reissner's fibre in myxine. Z. Zellforsch. **46**, 672—685 (1957).

— Schoental, R.: The ultrastructure of the enlarged hepatocytes induced in rats with a single oral dose of retrorsine, a pyrrolizidine (Senecio) alkaloid. J. Ultrastruct. Res. **20**, 328—345 (1967).

Agduhr, E.: Über ein zentrales Sinnesorgan bei den Vertebraten. Z. Anat. Entwickl.-Gesch. **66**, 223—360 (1922).

Altner, H.: Untersuchungen über die Sekretion des Subcommissuralorgans bei Haien. Verh. Dtsch. Zool. Ges. Zool. Anz., Suppl. **27**, 441—452 (1964).

— Untersuchungen an Ependym und Ependymorganen im Zwischenhirn niederer Wirbeltiere (Neoceratodus, Urodelen, Anuren). Z. Zellforsch. **84**, 102—140 (1968).

Andres, K. H.: Der Feinbau des Bulbus olfactorius der Ratte unter besonderer Berücksichtigung der synaptischen Verbindungen. Z. Zellforsch. **65**, 530—561 (1965).

Anderson, D. R.: Ultrastructure of normal and leukemic leukocytes in human peripheral blood. J. Ultrastruct. Res., Suppl. **9**, 1—42 (1966).

Anderson, E.: The anatomy of bovine and ovine pineals. Light and electron microscopic studies. J. Ultrastruct. Res., Suppl. **8**, 1—80 (1965).

— Beams, H. W.: Evidence from electron micrographs for passage of material through pores of the nuclear membrane. J. biophys. biochem. Cytol. **2**, Suppl., 439—444 (1956).

Anderson, W. A., Weissman, A., Ellis, R. A.: A comparative study of microtubules in some vertebrate and invertebrate cells. Z. Zellforsch. **71**, 1—13 (1966).

André, J.: Contribution à la connaissance du chondriome. Etude de ses modifications ultrastructurales pendant la spermato-génèse. J. Ultrastruct. Res., Suppl. **3**, 1—185 (1962).

Bannasch, P., Thoenes, W.: Zum Problem der nucleolären Stoffabgabe. Elektronenmikroskopische Untersuchungen am Pankreas der weißen Maus. Z. Zellforsch. **67**, 674—692 (1965).

Bargmann, W.: Die Epiphysis cerebri. In: Handbuch der mikroskopischen Anatomie des Menschen. Bd. 6. Berlin: Springer 1943.

— Schiebler, Th. H.: Histologische und cytochemische Untersuchungen am Subkommissuralorgan von Säugern. Z. Zellforsch. **37**, 583—596 (1952).

Barlow, R. M., D'Agostino, A. N., Cancilla, P. A.: A morphological and histochemical study of the subcommissural organ of young and old sheep. Z. Zellforsch. **77**, 299—315 (1967).

Bauer-Jokl, M.: Über das sogenannte Subcommissuralorgan. Arb. neurol. Inst. Univ. Wien **22**, 41—79 (1917).

Bjersing, L.: On the ultrastructure of granulosa lutein cells in porcine corpus luteum. With special reference to endoplasmic reticulum and steroid hormone synthesis. Z. Zellforsch. **82**, 187—211 (1967).

Björkman, N.: Specializations of endoplasmic reticulum in bovine placental cells. Z. Zellforsch. **90**, 535—541 (1968).

Blinzinger, K., Matussek, N.: Die Dünnschnittkontrastierung mittels Bariumchlorid: Eine Methode für den topochemischen Nachweis von Stoffen mit unvollständig veresterten Schwefelsäuregruppen im submikroskopischen Bereich. Histochemie **6**, 173—184 (1966).

Brightman, M. W., Palay, S. L.: The fine structure of ependyma in the brain of the rat. J. Cell Biol. **19**, 415—439 (1963).

Büttner, D. W.: Sphaeridien mit kristalloiden Einschlüssen in den Zellkernen der Katzenmilz. Z. Zellforsch. **84**, 304—310 (1968a).
— Elektronenmikroskopische Beobachtung von Sphaeridien im Karyoplasma der Sauropsidenzelle. Z. Zellforsch. **85**, 527—533 (1968b).
Callan, H. G., Tomlin, S.: Experimental studies on amphibian oocyte nuclei. I. Investigations of the structure of the nuclear membrane by means of the electron microscope. Proc. roy. Soc. B **137**, 367—378 (1950).
Carr, I., Carr, J.: Membranous whorls in the testicular interstitial cell. Anat. Rec. **144**, 143—147 (1962).
Clara, M.: Das Nervensystem des Menschen. Leipzig: J. A. Barth, 1953.
Coimbra, A., Leblond, C. P.: Sites of glycogen synthesis in rat liver cells as shown by electron microscope radioautography after admission of glucose-H^3. J. Cell Biol. **30**, 151—175 (1966).
Colonnier, M.: On the nature of intranuclear rods. J. Cell Biol. **25**, 646—653 (1965).
— Guillery, R. W.: Synaptic organisation in the lateral geniculate nucleus of the monkey. Z. Zellforsch. **62**, 333—355 (1964).
Cossel, L., Wohlrab, F.: Die Leber der Fledermaus in Hibernation. Licht- und elektronenmikroskopische Untersuchungen. Z. Zellforsch. **62**, 608—634 (1964).
Cuadros, A., Cooper, R. A.: Ultrastructure of spontaneous vaginal keratinization in hanging-drop organ culture (Balb/c Crgl Mice). Z. Zellforsch. **84**, 429—462 (1968).
Dahl, H. A.: Fine structure of cilia in rat cerebral cortex. Z. Zellforsch. **60**, 369—386 (1963).
— On the cilium cell relationship in the adenohypophysis of the mouse. Z. Zellforsch. **83**, 169—177 (1967).
Dallner, G., Siekevitz, P., Palade, G. E.: Biogenesis of endoplasmic reticulum membranes. II. Synthesis of constitutive microsomal enzymes in developing rat hepatocyte. J. Cell Biol. **30**, 97—117 (1966).
Daniels, E. D.: Origin of the golgi system in amoebae. Z. Zellforsch. **64**, 38—51 (1964).
David, H.: Physiologische und pathologische Modifikationen der submikroskopischen Kernstruktur. I. Das Karyoplasma. Kerneinschlüsse. Z. mikr.-anat. Forsch. **71**, 412—456 (1964).
Davies, H. G.: Topographical observations on the envelope-limited sheets of chromatin associated with the cell nucleus. In: Electron Microscopy, Rome 1968, ed. D. S. Bocciarelli, Vol. II, p. 175—176.
Dawson, A. B.: Evidence for the termination of neurosecretory fibers within the pars intermedia of the hypophysis of the frog, Rana pipiens. Anat. Rec. **115**, 63—70 (1953).
Dendy, A.: On a pair of ciliated grooves in the brain of the ammocoete, apparently serving to promote the circulation of the fluid in the brain cavity. Proc. roy. Soc. **69**, 485—494 (1902).
— Nicholls, G. E.: The function of Reissner's fibre and the ependymal groove. Nature (Lond.) **82**, 217—218 (1909).
— — On the occurrence of a mesocoelic recess in the human brain and its relation to the sub-commissural organ of lower vertebrates; with special reference to the distribution of Reissner's fibre in the vertebrate series and its possible function. Anat. Anz. **37**, 496—508 (1910).
Di Stefano, H. S.: Substructure of membranes in cultivated chick embryo fibroblasts. Z. Zellforsch. **70**, 322—333 (1966).
Duvernoy, H., Koritke, J. G.: The vascular architecture of the subcommissural organ. In: Zirkumventrikuläre Organe und Liquor, ed. G. Sterba, S. 41—43. Jena: Gustav Fischer 1969.
Dvorák, M., Mazanec, K.: Differenzierung der Feinstruktur der Leberzelle in der frühen postnatalen Periode. Z. Zellforsch. **80**, 370—384 (1967).
Fabre, M., Marescaux, J.: Structure et ultrastructure d'auto- et d'homogreffons thyroïdiens intratesticulaires chez le cobaye thyroïdectomisé. Z. Zellforsch. **84**, 328—341 (1968).
Farrel, G.: Regulation of aldosterone secretion. Physiol. Rev. **38**, 709—728 (1958).
— Adrenoglomerulotropin. Circulation **21**, 1009—1015 (1960).
Fawcett, D. W.: On the occurrence of a fibrous lamina on the inner aspect of the nuclear envelope in certain cells of vertebrates. Amer. J. Anat. **119**, 129—146 (1966).

Feldherr, C. M.: Nucleocytoplasmic exchanges during cell division. J. Cell Biol. **31**, 199—203 (1966).
— Nucleocytoplasmic exchanges during early interphase. J. Cell Biol. **39**, 49—54 (1968).
Fleischhauer, K.: Untersuchungen am Ependym des Zwischen- und Mittelhirns der Landschildkröte (Testudo graeca). Z. Zellforsch. **46**, 729—767 (1957).
Franke, W. W.: Zur Feinstruktur isolierter Kernmembranen aus tierischen Zellen. Z. Zellforsch. **80**, 585—593 (1967).
Fridberg, G., Olsson, R.: The praeoptic-hypophysial system, nucleus tuberis lateralis and the subcommissural organ of Gasterosteus aculeatus after changes in osmotic stimuli. Z. Zellforsch. **49**, 531—540 (1959).
Friede, R. L.: Surface structures of the aquaeduct and the ventricular walls: a morphologic, comparative and histochemical study. J. comp. Neurol. **116**, 229—247 (1961).
Gall, J. G.: Octagonal nuclear pores. J. Cell Biol. **32**, 391—399 (1967).
Gilbert, G. J.: The subcommissural organ. Anat. Rec. **126**, 253—265 (1956).
— The subcommissural organ: a regulator of thirst. Amer. J. Physiol. **191**, 243—247 (1957).
— Subcommissural organ secretion in the dehydrated rat. Anat. Rec. **132**, 563—567 (1958).
— The subcommissural organ. Neurology (Minneap.) **10**, 138—142 (1960).
Gordon, G. B., Miller, L. R., Bensch, K. G.: Studies on the intracellular digestive process in mammalian tissue culture cells. J. Cell Biol. **25**, 41—55 (1965).
Gresson, R. A. R., Threadgold, L. T.: Extrusions of nuclear material during oogenesis in Blatta orientalis. Quart. J. micr. Sci. **103**, 141—145 (1962).
Grignon, G., Grignon, M.: Activité élaboratrice de l'organe souscommissural chez l'embryon de Poulet. C. R. Ass. Anat. **100**, 889 (1957).
Hager, H., Blinzinger, K.: Über eigenartige Astrocytenfortsätze und intracytoplasmatische Vesikelreihen (Elektronenmikroskopische Untersuchungen an Gliosen des Säugetiergehirns). Z. Zellforsch. **65**, 57—73 (1965).
— Luh, S., Ruščáková, D., Ruščák, M.: Histochemische, elektronenmikroskopische und biochemische Untersuchungen über Glykogenanhäufung in reaktiv veränderten Astrocyten der traumatisch lädierten Säugergroßhirnrinde. Z. Zellforsch. **83**, 295—320 (1967).
Hennig, A.: Kritische Betrachtungen zur Volumen- und Oberflächenmessung in der Mikroskopie. Zeiss-Werkzeitschr. Nr 30, 3—11 (1958).
Herman, L., Fitzgerald, P. J.: The degenerative changes in pancreatic acinar cells caused by DL-Ethionine. J. Cell Biol. **12**, 277—296 (1962).
Herrlinger, H., Schwink, A., Wetzstein, R.: Feinstruktur von Zellrosetten im Subcommissuralorgan der Maus. Naturwissenschaften **54**, 472—473 (1967a).
— — — Feinstruktur extrem schmaler Kernbrücken in segmentierten Zellkernen. Naturwissenschaften **54**, 545—546 (1967b).
Hirsch, J. G., Fedorko, M. E.: Ultrastructure of human leukocytes after simultaneous fixation with glutaraldehyde and osmium tetroxide and "postfixation" in uranyl acetate. J. Cell Biol. **38**, 615—627 (1968).
Hofer, H.: Zur Morphologie der circumventrikulären Organe des Zwischenhirns der Säugetiere. Verh. dtsch. zool. Ges. Frankfurt 52, 202—251 (1958).
— Neuere Ergebnisse zur Kenntnis des Subkommissuralorganes, des Reissnerschen Fadens und der Massa caudalis. Verh. dtsch. zool. Ges. Zool. Anz., Suppl. **27**, 430—440 (1964).
Holmes, R. L., Kiernan, J. A.: The fine structure of the infundibular process of the hedgehog. Z. Zellforsch. **61**, 894—912 (1964).
Holmgren, N.: Zur Innervation der Parietalorgane von Petromyzon fluviatilis. Zool. Anz. **50**, 91—100 (1919).
Holtzman, E., Novikoff, A. B., Villaverde, H.: Lysosomes and Gerl in normal and chromatolytic neurons of the rat ganglion nodosum. J. Cell Biol. **33**, 419—435 (1967).
Ishikawa, E.: Vergleichende Untersuchungen der Zirbeldrüse bei männlichen und weiblichen Tieren. Arb. neurol. Inst. Wien **29**, 337—347 (1927).
Isomäki, A. M., Kivalo, E., Talanti, S.: Electron microscopic structure of the subcommissural organ in the calf (Bos taurus) with special reference to secretory phenomena. Ann. Acad. Sci. fenn. A 111, 1—64 (1965).
Keen, L., Hewer, E. E.: The subcommissural organ and the mesocoelic recess in the human brain, together with a note on Reissner's fibre. J. Anat. (Lond.) **69**, 501—517 (1935).

Kelly, D. E.: The circumventricular organs. 1966 (unpublished).

Kessel, R. G.: Annulate lamellae. J. Ultrastruct. Res., Suppl. 10, 1—82 (1968).

Kivalo, E., Talanti, S., Rinne, U. K.: On the secretory phenomena in the subcommissural organ of the rat. Experimental studies with special reference to the possible relationship of the subcommissural organ to the hypothalamo-hypophysial system. Anat. Rec. 139, 357—361 (1961).

Kleinfeld, R., Greider, M. H., Frajola, W. J.: Electron microscopy of intranuclear inclusions found in human and rat liver parenchymal cells. J. biophys. biochem. Cytol. 2, 435—438 (1956).

Kolmer, W.: Das Sagittalorgan der Wirbeltiere. Z. Anat. Entwickl.-Gesch. 60, 652—717 (1921).

Krabbe, K. H.: L'organe sous-commissural du cerveau chez les mammifères. Kgl. danske Vid. Selsk. biol. Medd. 5, 1—83 (1925).

Kramer, M. F., Poort, C.: Protein synthesis in the pancreas of the rat after stimulation of secretion. Z. Zellforsch. 86, 475—486 (1968).

Krishan, A., Hsu, D., Hutchins, P.: Hypertrophy of granular endoplasmic reticulum and annulate lamellae in Earle's L cells exposed to vinblastine sulfate. J. Cell Biol. 39, 211—216 (1968).

Krstič, R.: Über Veränderungen der Epithelkörperchen nach Epiphysektomie. Z. Zellforsch. 77, 8—24 (1967).

Leatherland, J. F., Dodd, J. M.: Studies on the structure, ultrastructure and function of the subcommissural organ-Reissner's fibre complex of the european eel Anguilla anguilla L. Z. Zellforsch. 89, 533—549 (1968).

Legait, E.: Les organes épendymaires du troisième ventricule. Thèse Doctorate Med. Nancy: G. Thomas 1942.

Lennep, E. W. van: Ultrastructural differentiation of the intestinal epithelium in the bandicoot Perameles nasuta. Z. Zellforsch. 62, 485—494 (1964).

Leonhard, H., Lindner, E.: Marklose Nervenfasern im III. und IV. Ventrikel des Kaninchen- und Katzengehirns. Z. Zellforsch. 78, 1—18 (1967).

Lin, H.-S., Chen, I-Li: Development of the ciliary complex and microtubules in the cells of rat subcommissural organ. Z. Zellforsch. 96, 186—205 (1969).

Luft, J. H.: Improvements in epoxy resin embedding methods. J. biophys. biochem. Cytol. 9, 409—414 (1961).

Maggio, R., Siekevitz, P., Palade, G. E.: Studies on isolated nuclei. I. Isolation and chemical charakterization of a nuclear fraction from guinea pig liver. J. Cell Biol. 18, 267—291 (1963).

Marburg, O.: Neue Studien über die Zirbeldrüse. Arb. neurol. Inst. Wien 23, 1—35 (1922).

Mayr, R., Salzer, G. M.: Elektronenmikroskopische Untersuchungen am juxtaoralen Organ des Menschen. Z. Zellforsch. 81, 135—154 (1967).

Mazzi, V.: Caratteri secretori nelle cellule dell' organo sottocommissurale dei vertebrati inferiori. Arch. zool. ital. 37, 445—464 (1952).

Meinel, A.: Lage-, Form- und Strukturentwicklung des Subkommissuralorgans der weißen Ratte. Inaug.-Diss. München 1967.

Miline, R., Krstič, R., Devecerski, V.: Sur le comportement du réticulum endoplasmique des épendymocytes de l'organe sous-commissural du rat dans le stress. In: Electron Microscopy, Rome 1968, ed. D. S. Bocciarelli, Vol. II, p. 363—364.

Mollenhauer, H. M., Whaley, W. G.: An observation on the functioning of the golgi apparatus. J. Cell Biol. 17, 222—225 (1963).

Monroe, J. H., Schidlovsky, G., Chandra, S.: Membrane pores and herpesvirustype particles in negative stained whole cells. J. Ultrastruct. Res. 21, 134—144 (1967).

Morimoto, T., Matsuura, S., Nagata, S., Tashiro, Y.: Studies on the posterior silk gland of the silkworm, Bombyx mori. III. Ultrastructural changes of posterior silk gland cells in the fourth larval instar. J. Cell Biol. 38, 604—614 (1968).

Moses, M. J.: The nucleus and chromosomes: a cytological perspective. In: Cytology and cell physiology, 3rd edit. p. 423—558, ed. G. H. Bourne. New York: Acad. Press 1964.

Müller, H.: Feinstruktur und Lipidbildung der Fettzellen im Perimeningealgewebe von Neunaugen unter normalen und experimentellen Bedingungen. Z. Zellforsch. 84, 585—608 (1968).

— Sterba, G.: Elektronenmikroskopische Untersuchungen des Subkommissuralorgans von Lampetra planeri (Bloch). Verh. dtsch. zool. Ges., Jena 1965, S. 441—453.

Murakami, M., Ban, F., Ajura, A.: Über die histologische Studie des Subkommissuralorgans des Gecko japonicus. Kurume med. J. 4, 8—17 (1957).

— Kusaba, K., Yamakawa, K.: Feinstruktur des Subkommissuralorgans des Histamininjizierten Gecko japonicus. Arch. histol. jap. 22, 465—475 (1962).

— Tanizaki, T.: An electron microscopic study on the toad subcommissural organ. Arch. histol. jap. 23, 337—358 (1963).

— — Feinstruktur des Subkommissuralorgans von Kugelfisch, Spheroides niphobles. Arch. histol. jap. 27, 327—343 (1966).

Naumann, W.: Histochemische Untersuchungen am Subcommissuralorgan und am Reissnerschen Faden von Lampetra planeri (Bloch). Z. Zellforsch. 87, 571—591 (1968).

Nicholls, G. E.: An experimental investigation on the function of Reissner's fibre. Anat. Anz. 40, 409—432 (1912).

Nickel, E., Vogel, A., Waser, P. G.: Coated vesicles in der Umgebung der neuro-muskulären Synapsen. Z. Zellforsch. 78, 261—266 (1967).

Normann, T. C.: Staining thin sections with lead hydroxide without contamination by precipitated lead carbonate. Stain Technol. 39, 50—52 (1964).

Nørrevang, A.: Oogenesis in Priapulus caudatus Lamarck. An electron microscopical study correlated with light microscopical and histochemical findings. Vid. Medd. dansk nat.-hist. Foren. 128, 1—75 (1965).

Okada, M.: On the secretory pathway of the subcommissural organ. Arch. histol. jap. 9, 199—204 (1955).

Oksche, A.: Studien am Subkommissuralorgan. Verh. anat. Ges. (Jena) 56, 392—404 (1959/60).

— Vergleichende Untersuchungen über die sekretorische Aktivität des Subkommissuralorgans und den Gliacharakter seiner Zellen. Z. Zellforsch. 54, 549—612 (1961).

— Histologische, histochemische und experimentelle Studien am Subkommissuralorgan von Anuren (mit Hinweisen auf den Epiphysenkomplex). Z. Zellforsch. 57, 240—326 (1962).

— The subcommissural organ. J. Neuro-Visc. Relat., Suppl. 9, 111—139 (1969).

Olsson, R.: Studies on the subcommissural organ. Acta zool. (Stockh.) 39, 71—102 (1958).

Palade, G. E.: Studies on the endoplasmic reticulum. J. biophys. biochem. Cytol. 1, 567—582 (1955).

— Siekevitz, P.: Pancreatic microsomes. J. biophys. biochem. Cytol. 2, 671—690 (1956).

Palkovits, M.: Morphology and function of the subcommissural organ. Stud. biol. hung., vol. 4, p. 1—105. Budapest: Akadémiai Kiadó 1965.

— Földvari, J. P.: Über die antidiuretische Wirkung des Organon subcommissurale. Acta biol. Acad. Sci. hung. 11, 91—102 (1960).

Pandalai, K. R.: The subcommissural organ in the garden lizard Calotes versicolor. Curr. Sci. 27, 173—174 (1958).

Papacharalampous, N. X., Schwink, A., Wetzstein, R.: Elektronenmikroskopische Untersuchungen am Subcommissuralorgan des Meerschweinchens. Z. Zellforsch. 90, 202—229 (1968).

Patrizi, G., Munger, B. L.: The cytology of encapsulated nerve endings in the rat penis. J. Ultrastruct. Res. 13, 500—515 (1965).

— Poger, M.: The ultrastructure of the nuclear periphery. The Zonula nucleum limitans. J. Ultrastruct. Res. 17, 127—136 (1967).

Pehlemann, F.-W.: Die amitotische Zellteilung. Eine elektronenmikroskopische Untersuchung an Interrenalzellen von Rana temporaria L. Z. Zellforsch. 84, 516—548 (1968).

Pesonen, N.: Über das Subkommissuralorgan beim Menschen. Acta Soc. Med. „Duodecim" (Ser. A) 22, 79—114 (1940).

Peterson, M., Leblond, C. P.: Synthesis of complex carbohydrates in the golgi region, as shown by radioautography after injection of labeled glucose. J. Cell Biol. 21, 143—148 (1964).

Poletti, H. M., Castellano, M. A.: Role of the nuclear membrane in smooth endoplasmic reticulum formation in white rat pinealocytes. Experientia (Basel) **23**, 465—466 (1967).

Porter, K. R., Bruni, C.: Fine structural changes in rat liver cells associated with glycogenesis and glycogenolysis. Anat. Rec. **136**, 260—261 (1960).

Puusepp, L., Voss, H. E. V.: Studien über das Subcommissuralorgan. I. Das Subcommissuralorgan beim Menschen. Fol. neuropath. eston. **2**, 13—21 (1924).

Rabl-Rückart, H.: Zur onto- und phylogenetischen Entwicklung des Torus longitudinalis im Mittelhirn der Knochenfische. Anat. Anz. **2**, 549—551 (1887).

Rakic, P., Sidman, R. L.: Subcommissural organ and adjacent ependyma: Autoradiographic study of their origin in the mouse brain. Amer. J. Anat. **122**, 317—336 (1968).

Reichold, S.: Untersuchungen über die Morphologie des subfornikalen und subkommissuralen Organs bei Säugetieren und Sauropsiden. Z. mikr.-anat. Forsch. **52**, 455—479 (1942).

Reissner, E.: Beiträge zur Kenntnis vom Bau des Rückenmarks von Petromyzon fluviatilis L. Arch. Anat. Physiol. **1860**, 545—588.

Reith, E. J.: The early stage of amelogenesis as observed in molar teeth of young rats. J. Ultrastruct. Res. **17**, 503—526 (1967).

Reynolds, E. S.: The use of lead citrate at high pH as an electron-opaque stain in electron microscopy. J. Cell Biol. **17**, 208—212 (1963).

Robertson, D. M., Vogel, F. S.: Concentric lamination of glial processes in oligodendrogliomas. J. Cell Biol. **15**, 313—334 (1962).

Rohr, H. P., Schmalbeck, J., Feldhege, A.: Elektronenmikroskopisch-autoradiographische Untersuchungen über die Eiweiß-Synthese in der Brunnerschen Drüse der Maus. Z. Zellforsch. **80**, 183—204 (1967).

Romeis, B.: Mikroskopische Technik, 16. Aufl. München-Wien: R. Oldenbourg 1968.

Rosenbluth, J.: The fine structure of acoustic ganglia in the rat. J. Cell Biol. **12**, 329—359 (1962).

Rudert, H., Schwink, A., Wetzstein, R.: Die Feinstruktur des Subfornikalorgans beim Kaninchen. II. Das neuronale und gliale Gewebe. Z. Zellforsch. **88**, 145—179 (1968).

Sabatini, D. D., Bensch, K. G., Barrnett, R. J.: Cytochemistry and electron microscopy. The preservation of cellular ultrastructure and enzymatic activity by aldehyde fixation. J. Cell Biol. **17**, 19—58 (1963).

Sandborn, E.: Cytoplasmic microtubules in the neurone. Anat. Rec. **148**, 330 (1964).

— Koen, P. F., McNabb, J. D., Moore, G.: Cytoplasmic microtubules in mammalian cells. J. Ultrastruct. Res. **11**, 123—138 (1964).

Sanel, F. T., Anderson, H. M.: Ultrastructural observations of cell transformation in an acute monoblastic leukemia. In: Electron Microscopy, Rome 1968, ed. D. S. Bocciarelli, Vol. II, p. 513—514.

Sargent, P. E.: Reissner's fibre in the canalis centralis of vertebrates. Anat. Anz. **17**, 33—44 (1900).

— The ependymal grooves in the roof of the diencephalon of vertebrates. Science **17**, 487—488 (1903).

— The optic reflex apparatus of vertebrates for short-circuit transmission of motor reflexes through Reissner's fibre; its morphology, ontogeny, phylogeny, and function. — The fishlike vertebrates. Bull. Mus. Comp. Zool. Harvard **45**, 129—258 (1904).

Scharrer, B.: Neurosecretion. XIV. Ultrastructural study of sites of release of neurosecretory material in blatterian insects. Z. Zellforsch. **89**, 1—16 (1968).

Schmalbeck, J., Rohr, H.: Die Mucopolysaccharid-Synthese in ihrer Beziehung zur Eiweiß-Synthese in der Brunnerschen Drüse der Maus. Z. Zellforsch. **80**, 329—344 (1967).

Schmidt, W. R., D'Agostino, A. N.: The subcommissural organ of the adult rabbit. An electron microscopic study. Neurology (Mineap.) **16**, 373—379 (1966).

Schwink, A., Wetzstein, R.: Die Kapillaren im Subcommissuralorgan der Ratte. Elektronenmikroskopische Untersuchungen an Tieren verschiedenen Lebensalters. Z. Zellforsch. **73**, 56—88 (1966).

— Herrlinger, H., Wetzstein, R.: Ungewöhnlich segmentierte Zellkerne im Subcommissuralorgan der Maus. Naturwissenschaften **54**, 545 (1967).

Seitz, H. M.: Zur Morphologie und Histochemie des Neurosekrets im Infundibulum der Hypophyse des Schweins. J. Hirnforsch. **6**, 283—319 (1964).

Senaldi, M.: L'organo subcommessurale in Felis catus. Biol. lat. (Milano) 7, 728—748 (1954).

Serber, B. J.: Large nuclear inclusions in pituitary gland basophils of the golden hamster. Anat. Rec. 139, 345—355 (1961).

Shimizu, N., Ishii, S.: Electron-microscopic observations on nuclear extrusion in nerve cells of the rat hypothalamus. Z. Zellforsch. 67, 367—372 (1965).

Sjöstrand, F. S.: A comparison of plasma membrane, cytomembranes, and mitochondrial elements with respect to ultrastructural features. J. Ultrastruct. Res. 9, 561—580 (1963).

— Barajas, L.: Effect of modifications in conformation of protein molecules on structure of mitochondrial membranes. J. Ultrastruct. Res. 25, 121—155 (1968).

Smith, G. F., O'Hara, P. T.: Structure of nuclear pockets in human leukocytes. J. Ultrastruct. Res. 21, 415—423 (1968).

Spicer, S. S., Hardin, J. H., Greene, W. B.: Nuclear precipitates in Pyroantimonate-Osmium tetroxide-fixed tissues. J. Cell Biol. 39, 216—221 (1968).

Stanka, P.: Über das Subcommissuralorgan bei Schwein und Ratte. Z. mikr.-anat. Forsch. 69, 395—409 (1963).

— Über den Sekretionsvorgang im Subcommissuralorgan eines Knochenfisches (Pristella riddlei Meek). Z. Zellforsch. 77, 404—415 (1967).

— Morphologische Studie über den Reissnerschen Faden bei niederen Wirbeltieren. Z. Zellforsch. 85, 67—77 (1968).

— Schwink, A., Wetzstein, R.: Elektronenmikroskopische Untersuchung des Subcommissuralorgans der Ratte. Z. Zellforsch. 63, 277—301 (1964).

Stein, G.: Über den Feinbau der Mandibeldrüse von Hummelmännchen. Z. Zellforsch. 57, 719—736 (1962).

Sterba, G.: Das Subcommissuralorgan von Lampetra planeri (Bloch). Zool. Jb., Abt. Anat. u. Ontog. 80, 135—158 (1962).

— Zur cerebrospinalen Neurokrinie der Wirbeltiere. Zool. Anz., Suppl. 29, 393—440 (1966).

— Morphologie und Funktion des Subcommissuralorgans. In: Zirkumventrikuläre Organe und Liquor, ed. G. Sterba, S. 17—32. Jena: Gustav Fischer 1969.

— Müller, H., Naumann, W.: Fluoreszenz- und elektronenmikroskopische Untersuchungen über die Bildung des Reissnerschen Fadens bei Lampetra planeri (Bloch). Z. Zellforsch. 76, 355—376 (1967).

Stevens, B. J.: The effect of Actinomycin D on nucleolar and nuclear fine structure in the salivary gland cell of Chironomus thummi. J. Ultrastruct. Res. 11, 329—353 (1964).

— Swift, H.: RNA transport from nucleus to cytoplasm in Chironomus salivary gland. J. Cell Biol. 31, 55—77 (1966).

Stieda, L.: Studien über das zentrale Nervensystem der Wirbeltiere. Z. wiss. Zool. 20, 386—425 (1870).

Stilling, A.: Neue Untersuchungen über den Bau des Rückenmarks. Kassel 1859.

Stoeckel, M. E., Porte, A.: Observations ultrastructurales sur la parathyroïde de souris. I. Etude chez la souris normale. Z. Zellforsch. 73, 488—502 (1966).

Stöcker, E.: Autoradiographische Untersuchungen zur Ribonucleinsäure- und Eiweiß-Synthese im nuclearen Funktionswechsel der exokrinen Pankreaszelle. Z. Zellforsch. 57, 145—171 (1962).

Studnička, F. K.: Untersuchungen über den Bau des Ependym der nervösen Zentralorgane. Anat. H. 15, 301—331 (1900).

Stutinsky, F.: Colloide, corps de Herring et substance Gomori positive de la neurohypophyse. C. R. Soc. Biol. (Paris) 144, 1357 (1950).

— La neurosécrétion chez l'anguille normale et hypophysectomisée. Z. Zellforsch. 39, 276—297 (1953).

Swift, H.: Cytochemical studies on nuclear fine structure. Exp. Cell Res., Suppl. 9, 54—67 (1963).

Talanti, S.: Studies on the subcommissural organ in some domestic animals. Ann. Med. exp. Fenn. 36, Suppl. 9, 1—97 (1958).

— Studies on the subcommissural organ of the bovine fetus. Anat. Rec. 134, 473—490 (1959).

— The subcommissural organ of the reindeer (Rangifer tarandus) with reference to secretory phenomena. Anat. Anz. 119, 99—103 (1966).

Talanti, S., Kivalo, E.: Studies on the subcommissural organ of some ruminants. Anat. Anz. **108**, 53—59 (1960).

—— On rosette formations in the epithalamus of Camelus dromedarius. Acta neuroveg. (Wien) **23**, 300—304 (1962).

Tessmann, D.: Über die Wirkung von Testosteron auf die normale Mäuseniere. Z. Zellforsch. **86**, 61—73 (1968).

Toselli, P. A., Pepe, F. A.: The fine structure of the ventral intersegmental abdominal muscles of the insect Rhodnius prolixus during the molting cycle. II. Muscle changes in preparation for molting. J. Cell Biol. **37**, 462—481 (1968).

Tretjakoff, D.: Die Parietalorgane von Petromyzon fluviatilis. Z. wiss. Zool. **113**, 1 (1915).

Turkewitsch, N.: Die Entwicklung des subcommissuralen Organs beim Rind (Bos taurus L.). Morph. Jb. **77**, 573—586 (1936).

Vaissalo, V. T.: Biorhythm of glandular cell in terms of ultrastructural morphology. In: Electron microscopy, Rome 1968, ed. D. S. Bocciarelli, Vol. II, p. 231—232.

Vigh, B., Röhlich, P., Teichmann, I., Aros, B.: Ependymosecretion (Ependymal neurosecretion). VI. Light and electron microscopic examination of the subcommissural organ of the guinea pig. Acta biol. Acad. Sci. hung. **18**, 53—66 (1967).

Wartenberg, H.: The mammalian pineal organ: Electron microscopic studies on the fine structure of pinealocytes, glial cells and on the perivascular compartement. Z. Zellforsch. **86**, 74—97 (1968).

Watanabe, I., Donahue, S., Hoggatt, N.: Method for electron microscopic studies of circulating human leucocytes and observations on their fine structure. J. Ultrastruct. Res. **20**, 366—382 (1967).

Watson, M. L.: Staining of tissue sections for electron microscopy with heavy metals. J. biophys. biochem. Cytol. **4**, 475—478 (1958a).

— Staining of tissue sections for electron microscopy with heavy metals. II. Application of solutions containing lead and barium. J. biophys. biochem. Cytol. **4**, 727—730 (1958b).

— Further observations on the nuclear envelope of the animal cell. J. biophys. biochem. Cytol. **6**, 147—156 (1959).

— Observations on a granule associated with chromatin in the nuclei of cells of rat and mouse. J. Cell Biol. **13**, 162—167 (1962).

Weindl, A., Schwink, A., Wetzstein, R.: Der Feinbau des Gefäßorgans der Lamina terminalis beim Kaninchen. II. Das neuronale und gliale Gewebe. Z. Zellforsch. **85**, 552—600 (1968).

Wessel, W.: Elektronenmikroskopische Untersuchungen von intranucleären Einschlußkörpern. Virchows Arch. Path. Anat. **331**, 314—328 (1958).

Wessing, A.: Der Nucleolus und seine Beziehungen zu den Ribosomen des Cytoplasmas. Eine Untersuchung an den Malpighischen Gefäßen von Drosophila melanogaster. Z. Zellforsch. **65**, 445—480 (1965).

Wetzstein, R.: Die Objektorientierung für das Ultramikrotom zur elektronenmikroskopischen Untersuchung von Dünnschnitten. Mikroskopie **10**, 341—344 (1955).

— Papacharalampous, N. X., Schwink, A.: Kollagen in der Basalmembran subcommissuraler Kapillaren des Meerschweinchens. Naturwissenschaften **11**, 283 (1966).

— Schwink, A., Stanka, P.: Die periodisch strukturierten Körper im Subcommissuralorgan der Ratte. Z. Zellforsch. **61**, 493—523 (1963).

Wingstrand, K. G.: Neurosecretion and antidiuretic activity in chick embryos with remarks on the subcommissural organ. Ark. Zool. (Stockh.) **6**, 41—67 (1953).

Wischnitzer, S.: An electron microscope study of the nuclear envelope of amphibian oocytes. J. Ultrastruct. Res. **1**, 201—222 (1958).

Wislocki, G. B., Leduc, E. H.: The cytology and histochemistry of the subcommissural organ and Reissner's fibre in rodents. J. comp. Neurol. **97**, 515—543 (1952).

Wunderlich, F., Franke, W. W.: Structure of macronuclear envelope of Tetrahymena pyriformis in the stationary phase of growth. J. Cell Biol. **38**, 458—462 (1968).

Yamada, E. T. M., Motomura, A., Koga, H.: The fine structure of the oocyte in the mouse ovary with the electron microscope. Kurume med. J. **4**, 148—160 (1957).

Yasuzumi, G., Nakai, Y., Tsubo, I., Yasuda, M., Sugioka, T.: The fine structure of nuclei as revealed by electron microscopy. IV. The intra nuclear inclusion formation in Leydig cells of aging human testes. Exp. Cell Res. 45, 261—276 (1967).
— Sugihara, R.: The fine structure of nuclei as revealed by electron microscopy. Exp. Cell Res. 40, 45—55 (1965).
Yoo, B. Y., Bayley, S. T.: The structure of pores in isolated pea nuclei. J. Ultrastruct. Res. 18, 651—660 (1967).
Zeigel, R. F., Dalton, A. J.: Speculations based on the morphology of the Golgi system in several types of protein secreting cells. J. Cell Biol. 15, 45—54 (1962).

Sachverzeichnis